Ulrich Walther

Experimentelle Verfahren zur Bestimmung der thermodynamischen Eigenschaften von Abgasturboladern

TUDpress

Ulrich Walther

Experimentelle Verfahren zur Bestimmung der thermodynamischen Eigenschaften von Abgasturboladern

TUDpress
2014

Die vorliegende Arbeit wurde am 27. September 2013 an der Fakultät Verkehrswissenschaften „Friedrich List" der Technischen Universität Dresden als Dissertation eingereicht und am 6. Dezember 2013 verteidigt.

Vorsitzender der Promotionskommission:
Prof. Dr.-Ing. Bernard Bäker

Gutachter:
Prof. Dr.-Ing. Hans Zellbeck, TU Dresden
Prof. Dr.-Ing. Uwe Gampe, TU Dresden

Bibliografische Information der Deutschen Nationalbibliothek
Die Deutsche Nationalbibliothek verzeichnet diese Publikation in der Deutschen Nationalbibliografie; detaillierte bibliografische Daten sind im Internet über http://dnb.d-nb.de abrufbar.

Bibliographic information published by the Deutsche Nationalbibliothek
The Deutsche Nationalbibliothek lists this publication in the Deutsche Nationalbibliografie; detailed bibliographic data are available in the Internet at http://dnb.d-nb.de.

ISBN 978-3-944331-61-4

Verlag der Wissenschaften GmbH
Bergstr. 70 | D-01069 Dresden
Tel.: 0351/47 96 97 20 | Fax: 0351/47 96 08 19
http://www.tudpress.de

Gesetzt vom Autor.
Printed in Germany.

Experimentelle Verfahren zur Bestimmung der thermodynamischen Eigenschaften von Abgasturboladern

Von der Fakultät Verkehrswissenschaften „Friedrich List“
der Technischen Universität Dresden genehmigte

– Dissertation –

zur Erlangung des akademischen Grades
Doktor der Ingenieurwissenschaften
(Dr.-Ing.)

von

Dipl.-Ing. Ulrich Walther
geboren am 23. November 1979 in Dresden

Gutachter: Prof. Dr.-Ing. Hans Zellbeck, TU Dresden
Prof. Dr.-Ing. Uwe Gampe, TU Dresden

Tag der Einreichung: 27. September 2013
Tag der Verteidigung: 6. Dezember 2013

Inhaltsverzeichnis

Verwendete Formelzeichen und Abkürzungen

Symbole und Formelzeichen

a		Approximationskoeffizient (verschiedene Dimensionen möglich)
a	m²/s	Temperaturleitfähigkeit
$\bar{a}$	m	Kanalbreite
A	m²	Fläche
A_D	m²	Leitradquerschnitt
A_R	m²	Laufradquerschnitt
A_T	m²	Turbinenersatzquerschnitt
b		Approximationskoeffizient (verschiedene Dimensionen möglich)
b	-	Formfaktor
b_e	g/(kW·h)	effektiver spezifischer Kraftstoffverbrauch
c		Approximationskoeffizient (verschiedene Dimensionen möglich)
c	-	Formfaktor
c	m/s	Absolutgeschwindigkeit
c_p	J/(kg·K)	spezifische Wärmekapazität bei konstantem Druck
C	-	Konstante zur Berechnung der NUßELT-Zahl
d	m	Durchmesser
D	m	Durchmesser
f	-	Funktion
f	-	Skalierungsfaktor
f	Hz	Frequenz
g	m/s²	Fallbeschleunigung
h	J/kg	spezifische Enthalpie
h	m	Schaufelhöhe
$\dot{H}$	W	Enthalpiestrom
H_u	J/kg	unterer Heizwert
i	-	Laufvariable
J	kg·m²	polares Massenträgheitsmoment
k	W/(m²·K)	Wärmedurchgangskoeffizient

K		Konstante zur Berechnung des Wärmestromes (verschiedene Dimensionen möglich)
L	m	charakteristische Länge
L_{min}	kg/kg	stöchiometrischer Luftbedarf
M	Nm	Drehmoment
$\dot{m}$	kg/s	Massenstrom
$\dot{m}_{T,red}$	kg/s · $K^{0,5}$/bar	reduzierter Turbinenmassenstrom
n	1/s, 1/min	Drehzahl
Nu	-	NUßELT-Zahl
p	bar	Druck
p_{me}	bar	effektiver Mitteldruck
P	W	Leistung
Pr	-	PRANDTL-Zahl
q	-	Exponent zur Berechnung der NUßELT-Zahl
q	J/kg	spezifische Wärme
$\dot{Q}$	W	Wärmestrom
r	-	Exponent zur Berechnung der NUßELT-Zahl
R		Spannweite / Variationsbreite (verschiedene Dimensionen möglich)
R	J/(kg·K)	spezifische Gaskonstante
Re	-	REYNOLDS-Zahl
s	m	Wandstärke
T	K, °C	Temperatur
u	m/s	Umfangsgeschwindigkeit
u/c_0	-	Laufzahl
v	m/s	charakteristische Geschwindigkeit
$\dot{V}$	m³/s	Volumenstrom
V_H	m³	Hubvolumen
w	m/s	Relativgeschwindigkeit
W	J	Arbeit
z	-	Schaufelzahl
z	m	geodätische Höhe
Z	-	Kurbelwellenumdrehungen pro Arbeitsspiel

α	°	Strömungswinkel (Absolutsystem)
α	W/(m²·K)	Wärmeübergangskoeffizient
$\alpha_{HV50\%}$	°KW	Schwerpunkt Summenheizverlauf
β	°	Strömungswinkel (Relativsystem)
Δ		Differenz (verschiedene Dimensionen möglich)
η	-	Wirkungsgrad
η	kg/(m·s)	dynamische Viskosität
Θ	W/K	Wärmestromkoeffizient
κ	-	Isentropenexponent
λ	-	Verbrennungsluftverhältnis
λ	W/(m·K)	Wärmeleitkoeffizient / Wärmeleitfähigkeit
λ_L	-	Liefergrad
μ	-	Durchflussbeiwert
ν	m²/s	kinematische Viskosität
π	-	Druckverhältnis
π	-	Kreiszahl
ρ	kg/m³	Dichte
σ	-	Wichtungsfaktor
Ψ	-	Durchflussfunktion
ω	1/s	Winkelgeschwindigkeit

Indizes und Abkürzungen

0	Umgebung / Bezugszustand
1	vor Verdichter / Verdichtereintritt
2	nach Verdichter / Verdichteraustritt
2S	Saugrohr / Sammler
3	vor Turbine / Turbineneintritt
4	nach Turbine / Turbinenaustritt
abs	absolut
adi	adiabat
approx	approximiert
ATL	Abgasturbolader
Aus	Austritt

B	Brennstoff
CFD	Computational Fluid Dynamics
CS	Cold Side / kalte Seite
D	Leitrad
DI	Direct Injection / Direkteinspritzung
dia	diabat
DOHC	Double Overhead Camshaft / zwei oben liegende Nockenwellen
e	effektiv
eff	effektiv
Ein	Eintritt
HS	Hot Side / heiße Seite
HV	Heizverlauf
is	isentrop
konst	konstant
korr	korrigiert
K	Kühlung
KM	Kühlmittel
L	Luft
LG	Lagergehäuse
Lkw	Lastkraftwagen
m	gemittelt
m	mechanisch
m	Meridiankomponente
max	maximal
min	minimal
Mes	Messung / Messwert
NEFZ	Neuer Europäischer Fahrzyklus
norm	normiert
OT	Oberer Totpunkt
Pkt	Punkt(e)
Pkw	Personenkraftwagen
R	Laufrad
R	Reibung

red	reduziert
Ref	Referenz
Sim	Simulation
Sp	Spalt
spez	spezifisch
SST	Shear Stress Transport
st	statisch
T	Turbine
TG	Turbinengehäuse
th	theoretisch
tot	total
ts	total zu statisch
tt	total zu total
u	Umfangskomponente
U	Umgebung
V	Verdichter
Var	Variation
VG	Verdichtergehäuse
W	Wand
WG	Wastegate
WLTC	Worldwide Harmonized Light Duty Driving Test Cycle

1 Einleitung

Innerhalb der vergangenen 25 Jahre hat sich der globale Bestand an Kraftfahrzeugen[1] mehr als verdoppelt. Er umfasst seit dem Jahr 2010 über eine Milliarde Fahrzeuge [WAR12] und wird Hochrechnungen in [DAR07] und [MEY07] zufolge spätestens 2050 die Anzahl von 2 Milliarden überschreiten. Gegenwärtig werden weltweit jährlich etwa 80 Millionen Neuwagen produziert [OIC13], von denen nach wie vor der überwiegende Anteil über einen Verbrennungsmotor als Antriebsmaschine verfügt. Ungeachtet der aktuellen Euphorie um elektrische Fahrantriebe wird der Verbrennungsmotor auch mittelfristig das dominierende Antriebsaggregat im Kraftfahrzeug darstellen ([ADO09], [DRA10]). Vor dem Hintergrund steigender Kraftstoffpreise und restriktiver Abgasgesetzgebung stellen die Effizienzerhöhung und die Emissionsabsenkung gegenwärtig zentrale Schwerpunkte der Motorenentwicklung dar. Das Verfahren der Abgasturboaufladung zählt dabei zu den Schlüsseltechnologien, was u. a. in der aktuell vielfach angewandten Strategie des Downsizings[2] Ausdruck findet (siehe [GOL05]). Während sich die Abgasturboaufladung beim Dieselmotor seit den 1990er Jahren als technischer Standard etabliert hat, setzt sie sich seit ca. 10 Jahren auch zunehmend beim Ottomotor durch: Im Jahr 2011 lag die Aufladequote[3] der in Deutschland neu zugelassenen Pkw mit Ottomotor bei 27 % [ROS12]. Prognosen in [HON12] und [SAD13] sagen für die nächsten Jahre auch im globalen Maßstab einen signifikanten Zuwachs des Marktanteiles turboaufgeladener Motoren voraus.

Dem Vorteil der Abgasturboaufladung, die Leistung zur Verdichtung der Ladeluft dem sonst ungenutzten Abgasenthalpiestrom zu entnehmen, stehen zwei wesentliche Nachteile gegenüber. Einerseits wirkt sich das Aufstauen des Abgases an der Turbine negativ auf die Prozessführung des Verbrennungsmotors aus. Andererseits hat die thermodynamische Kopplung des Systems Motor und Turbolader einen verzögerten Drehmomentaufbau im Falle einer spontanen Lastanforderung zur Folge, da das Laufzeug durch den Abgasenthalpiestrom zunächst beschleunigt werden muss, um den erforderlichen Ladedruck aufzubauen. Das dynamische Verhalten und der Ladungswechsel stehen deshalb bei der Entwicklung eines aufgeladenen Motors besonders im Fokus. Der Motorprozessrechnung kommt bei der Auslegung und Optimierung eine entscheidende Rolle zu [PIS09]. Das thermodynamische Verhalten des Abgasturboladers wird dabei über die an Heißgasprüfständen gemessenen Kennfelder von Verdichter und Turbine beschrieben, die unmittelbar als Randbedingung in

---

[1] Pkw, Lkw und Busse

[2] Unter dem Begriff Downsizing ist eine Reduzierung des Zylinderhubvolumens zu verstehen, wobei die erzielbare Maximalleistung des Motors aufgrund der Steigerung des Mitteldruckes gleich bleibt.

[3] Anteil aufgeladener Motoren an der Gesamtanzahl

die Prozesssimulation eingehen. Durch die gemessenen Kennfelder wird jedoch nur ein begrenzter Teil des für den Motorbetrieb relevanten Betriebsbereiches abgebildet. So liegt der überwiegende Anteil der bei den aktuell und künftig gesetzlich vorgeschriebenen Testzyklen (NEFZ, WLTC) durchfahrenen Betriebspunkte außerhalb des üblicherweise vermessenen Kennfeldbereiches von Verdichter und Turbine (**Abb. 1.1**) (siehe [BER09], [UHL12]).

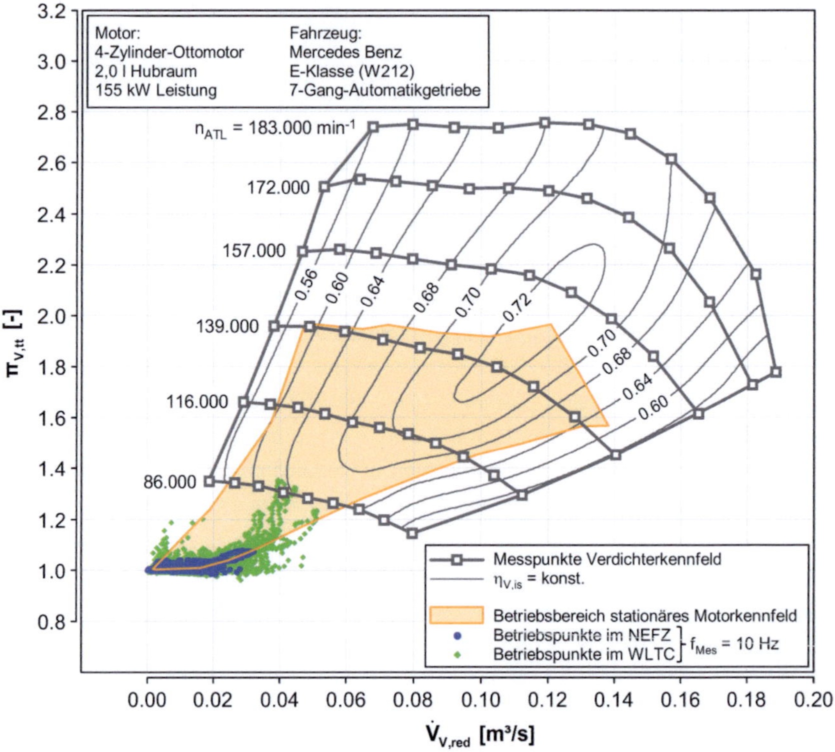

Abb. 1.1: Betriebsbereich des Verdichters eines Pkw-Ottomotors im stationären Motorbetrieb sowie beim Durchfahren des NEFZ und des WLTC

Die Vermessung von Abgasturboladern erfolgt in der Regel nur im Drehzahlbereich oberhalb von ca. 40 % der maximal zulässigen Drehzahl ([BER02], [PUC02]). Ursächlich hierfür ist vorrangig der im Betrieb des Abgasturboladers von der Turbine und dem Lagergehäuse in den Verdichter fließende Wärmestrom. Bei niedriger Drehzahl verfälscht dieser Wärmestrom das Messergebnis dahingehend, dass der Wirkungsgrad des Verdichters zu niedrig, der der Turbine zu hoch bestimmt wird. Zudem begrenzt der Verdichter als Leistungsbremse der Turbine deren damit vermessbaren Kennfeldbereich. Das Betriebsverhalten der Turbine bei niedriger und hoher Laufzahl kann demzufolge nicht exakt beschrieben werden, ist jedoch für die Simulation der Teillast und des transienten Betriebes von Bedeutung (**Abb. 1.2**). Die notwendige Extrapolation der Kennfelder birgt eine erhebliche Unsicherheit und mindert die Qualität und Aussagefähigkeit der Simulationsergebnisse.

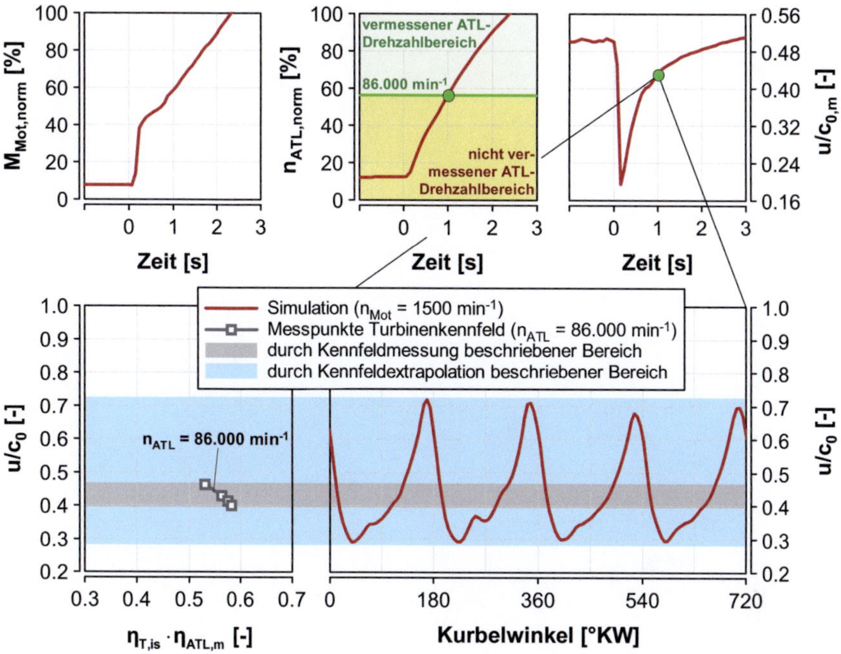

Abb. 1.2: Betriebsbereich der Turbine eines Pkw-Ottomotors nach Lastsprung bei konstanter Motordrehzahl (Simulation)

Ziel dieser Arbeit ist die Entwicklung experimenteller Verfahren, mit denen sich das thermodynamische Verhalten des Abgasturboladers in jenen Bereichen beschreiben lässt, die durch die herkömmliche Kennfeldvermessung nicht oder nicht präzise genug abgedeckt werden. Der Bereich der für die Motorprozessrechnung notwendigen Extrapolation soll damit verkleinert und deren Genauigkeit verbessert werden. Hierfür soll bei der Bestimmung des Verdichter- und des Turbinenwirkungsgrades der Fehler infolge des Wärmestromes korrigiert werden, wodurch die Vermessung auch im Bereich niedriger Drehzahl verlässliche Ergebnisse liefert. Zum anderen soll das Turbinenkennfeld in den Bereich kleiner Laufzahl erweitert werden. Die Methoden sollen als Ergänzung der herkömmlichen Kennfeldvermessung dienen, ohne irreversible Veränderungen am Abgasturbolader, beispielsweise durch das Einbringen zusätzlicher Messtechnik oder Demontage des Laufzeuges, auskommen und nur unter geringem zeitlichen und technischen Mehraufwand durchführbar sein.

2 Stand der Technik

2.1 Grundlagen der Abgasturboaufladung

2.1.1 Abgasturboaufladung von Verbrennungsmotoren

Die Aufladung eines Verbrennungsmotors hat die Anhebung der Leistungsdichte P_e/V_H durch die Erhöhung der Ladungsdichte ρ_2 im Brennraum zum Ziel:

$$\frac{P_e}{V_H} = n_{Mot} \cdot p_{me} \cdot \frac{1}{Z} = n_{Mot} \cdot \rho_2 \cdot \lambda_L \cdot \eta_e \cdot \frac{H_u}{\lambda \cdot L_{min}} \cdot \frac{1}{Z} \tag{2.1}$$

Beim Verfahren der Abgasturboaufladung wird dies durch den Einsatz eines Verdichters realisiert, der von einer im Abgassystem des Verbrennungsmotors verbauten Turbine angetrieben wird. Die zur Verdichtung der Ansaugluft erforderliche Leistung wird also dem Enthalpiestrom des Motorabgases entnommen. Verdichter- und Turbinenrad sind über eine Welle mechanisch miteinander verbunden; die Kopplung mit dem Verbrennungsmotor erfolgt hingegen rein thermodynamisch. **Abb. 2.1** zeigt den prinzipiellen Aufbau eines Abgasturboladers.

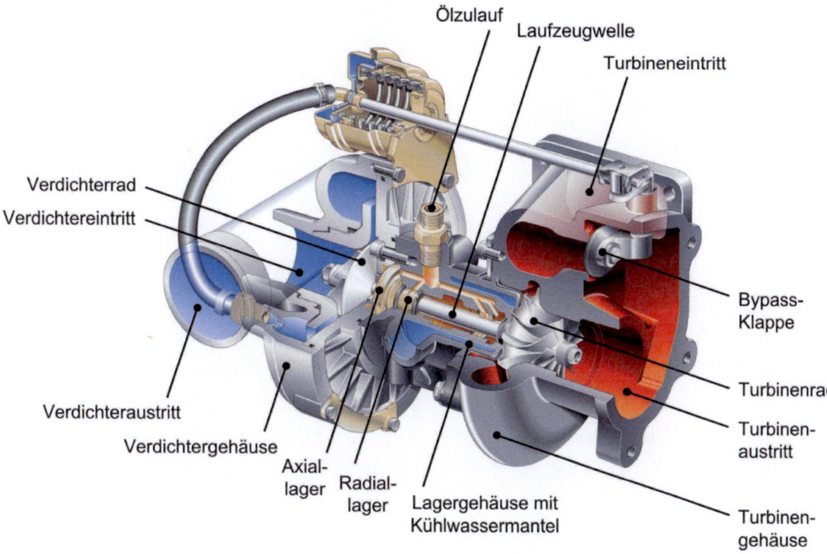

Abb. 2.1: Schnittdarstellung eines Abgasturboladers mit wassergekühltem Lagergehäuse und Turbinen-Bypass-Klappe (Wastegate) nach [BWT13]

Bei Abgasturboladern für Kraftfahrzeug-Anwendungen kommen ausschließlich Strömungsverdichter radialer Bauart zum Einsatz [ZIN12]. Das Verdichtergehäuse ist einflutig ausgeführt und beinhaltet ggf. die Komponenten für kennfeldstabilisierende

Maßnahmen (Schubumluftventil, Rezirkulationskanäle). Als Turbinen werden Radial- oder Mixed-Flow- bzw. Radial-Axial-Turbinen eingesetzt (siehe [FRE10], [ALH12]). Aufladekonzepte mit Axialturbinen, wie z. B. in [RAH85], [LOT11] und [LEI12] vorgestellt, konnten sich bislang nicht durchsetzen. Das Turbinengehäuse ist ein- oder mehrflutig ausgeführt und beinhaltet bei Abgasturboladern mit Ladedruckregelung die dafür an der Turbine erforderlichen Bauteile, wie beispielsweise Wastegate, Leitschaufelapparat oder Schiebehülse. Das Turbinen- und das Verdichtergehäuse sind starr mit dem Lagergehäuse verbunden, in dem sich die Radial- und Axiallager des Turboladerlaufzeuges befinden. Den technischen Standard stellt hierbei die hydrodynamische Gleitlagerung dar. Die Verwendung von Wälzlagern ist aktuell Gegenstand zahlreicher Untersuchungen ([MAR08], [DAV10], [WEN10]) und in einigen Fällen bereits Serienstand ([GRI07], [BAU11], [EIS11]). Das Lagergehäuse wird zur Schmierung und Kühlung der Lager mit Öl durchströmt. Insbesondere bei Abgasturboladern für Ottomotoren werden das Lager- und/oder das Turbinengehäuse zusätzlich wassergekühlt. Für detaillierte Informationen zur Konstruktion und Mechanik von Abgasturboladern sei auf [HIE03], [MAY01] und [ZIN12] verwiesen.

Aus der thermodynamischen Kopplung von Abgasturbolader und Verbrennungsmotor resultiert, dass die Drehzahl des Turboladerlaufzeuges maßgeblich vom Durchsatz und damit vom Betriebspunkt des Verbrennungsmotors abhängig ist. Sie stellt sich entsprechend der Leistungsbilanz an der Turboladerwelle ein (Gleichung (2.2)).

$$P_T + P_V + P_R = \frac{d\omega_{ATL}}{dt} \cdot J_{ATL} \cdot \omega_{ATL} \tag{2.2}$$

Im stationären Betrieb ($d\omega_{ATL}/dt = 0$) entspricht die von der Turbine abgegebene mechanische Leistung P_T der vom Verdichter aufgenommenen Leistung P_V zuzüglich der Verlustleistung der Wellenlagerung P_R. Im transienten Betrieb ($d\omega_{ATL}/dt > 0$) muss die Turbine zusätzlich die für die Beschleunigung des Laufzeuges erforderliche Leistung aufbringen, wodurch am Verdichter weniger Antriebsleistung zur Verfügung steht. Wird ausgehend von niedriger Motorlast eine Lastaufschaltung durchgeführt, so kommt es zu einem verzögerten Ladedruck- und Drehmomentaufbau. In **Abb. 2.2** sind beispielhaft die Verläufe der Turboladerdrehzahl, des Saugrohrdruckes und des Motordrehmomentes für den Lastsprung eines aufgeladenen Ottomotors bei konstanter Motordrehzahl dargestellt. Dem Erreichen der saugmotorischen Volllast unmittelbar nach Öffnen der Drosselklappe folgt ein langsamer Anstieg des Drehmomentes, der dem Hochlauf des Abgasturboladers und dem daraus resultierenden verzögerten Ladedruckaufbau geschuldet ist.

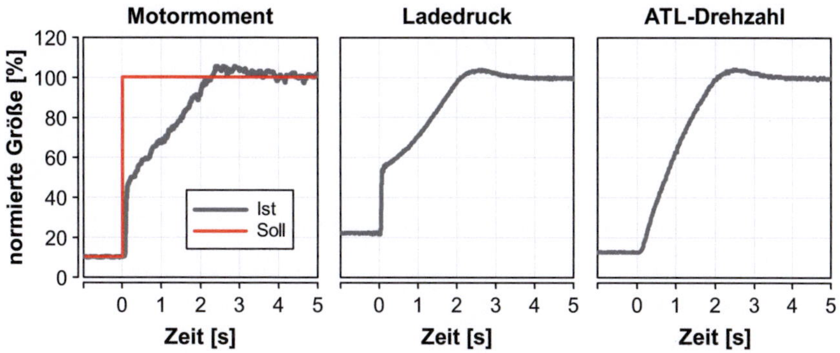

Abb. 2.2: Drehmoment, Ladedruck und Turboladerdrehzahl eines abgasturboaufgeladenen Ottomotors nach Lastsprung bei konstanter Motordrehzahl (Messung)

Das Druckverhältnis eines Radialverdichters ist näherungsweise quadratisch proportional seiner Umfangsgeschwindigkeit [ZIN12]. Zur Darstellung eines hohen Ladedruckes ist folglich eine entsprechend hohe Drehzahl notwendig. Erschwerend kommen das zunächst geringe Enthalpieangebot vor Turbine, die geringe Startdrehzahl des Laders sowie der in diesem Betriebsbereich der Turbine niedrige Wirkungsgrad hinzu. Im Hinblick auf das dynamische Verhalten muss die Turbine also so dimensioniert sein, dass sie bereits bei niedriger Motorlast und -drehzahl möglichst viel Leistung zum Antrieb und zur Beschleunigung des Verdichters bereitstellen kann. Aus der Turboladerhauptgleichung (Gleichung (2.3)) geht hervor, dass sich ein hohes Verdichterdruckverhältnis π_V durch die Anhebung des Turbinendruckverhältnisses π_T erzielen lässt:

$$\pi_V = \left[1 + \frac{\dot{m}_T}{\dot{m}_V} \cdot \frac{T_3}{T_1} \cdot \frac{c_{p,3}}{c_{p,1}} \cdot \eta_{ATL} \cdot \left(1 - \left(\frac{1}{\pi_T}\right)^{\frac{\kappa_3 - 1}{\kappa_3}}\right)\right]^{\frac{\kappa_1}{\kappa_1 - 1}} \tag{2.3}$$

Der Einsatz einer kleineren Turbine mit geringerem Schluckvermögen führt bei gleichem Massendurchsatz zu einem höheren Turbinendruckverhältnis und Leistungsangebot. Dem dynamischen Verhalten kommt dabei außerdem das aufgrund des kleineren Durchmessers geringere polare Massenträgheitsmoment des Turbinenrades zugute. Dem höheren Enthalpieangebot an der Turbine steht jedoch als Nachteil die Rückwirkung auf den motorischen Prozess gegenüber. Die Turbine stellt im Abgassystem des Verbrennungsmotors eine Drossel dar, die infolge ihrer aufstauenden Wirkung den Abgasgegendruck erhöht. Damit einher gehen in der Regel eine erhöhte Ausschubarbeit, ein höherer Restgasanteil, eine höhere thermische Belastung sowie letztendlich ein geringerer Prozesswirkungsgrad [ROS08]. So günstig sich das geringe Schluckvermögen einer kleinen Turbine auf das bei niedriger Motordrehzahl erzielbare Drehmoment (low-end torque) und das transiente Verhalten auswirkt, so zwingt es bei höherer Motorlast und -drehzahl zum Einsatz druck- bzw. leistungsbegrenzender Maßnahmen. Als Regeleinrichtungen haben sich beim Ottomotor das Wastegate, beim Dieselmotor die variable Turbinengeometrie mittels Leitschaufelverstellung etabliert.

2.1.2 Thermodynamik der Abgasturboaufladung

Aus thermodynamischer Sicht handelt es sich bei Verdichter und Turbine jeweils um ein einfaches stoffdurchlässiges System, dessen Leistungsbilanz sich mit dem ersten Hauptsatz der Thermodynamik beschreiben lässt:

$$P + \dot{Q} = \dot{m} \cdot \left[\left(h + \tfrac{1}{2}c^2 + g \cdot z \right)_{Aus} - \left(h + \tfrac{1}{2}c^2 + g \cdot z \right)_{Ein} \right] \tag{2.4}$$

Der Einfluss der spezifischen potenziellen Energie ($g \cdot z$) ist vernachlässigbar, da der geodätische Höhenunterschied zwischen Ein- und Austritt unerheblich ist ($z_{Ein} \approx z_{Aus}$). Die spezifische Enthalpie h und die spezifische kinetische Energie $\tfrac{1}{2}c^2$ werden üblicherweise zur spezifischen totalen Enthalpie zusammengefasst. Unter der Annahme eines adiabaten Systems ($\dot{Q} = 0$) berechnet sich die mechanische Leistung zu:

$$P = \dot{m} \cdot \Delta h \tag{2.5}$$

Die spezifische Enthalpiedifferenz zwischen Ein- und Austritt resultiert aus der Energieumsetzung zwischen dem strömenden Fluid und dem rotierenden Laufrad der Strömungsmaschine. Die Strömung wird dabei an den rotierenden Schaufeln umgelenkt, was zu einer Änderung der Strömungsgeschwindigkeit in Betrag und Richtung führt. Der für Strömungsmaschinen geltende Zusammenhang zwischen Absolutgeschwindigkeit *c*, Relativgeschwindigkeit *w* und Umfangsgeschwindigkeit *u* lässt sich als Vektoraddition in einem Geschwindigkeitsplan ausdrücken (**Abb. 2.3**).

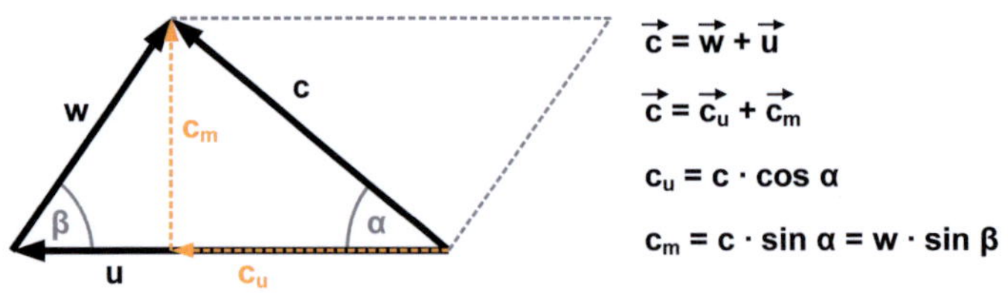

Abb. 2.3: Geschwindigkeitsplan

Der Strömungszustand kann so für jeden beliebigen Punkt der Strömung in einem Vektorparallelogramm grafisch dargestellt werden. Geschwindigkeitspläne werden üblicherweise zur Kennzeichnung des Strömungsverlaufes am Laufradeintritt und -austritt verwendet (**Abb. 2.4**).

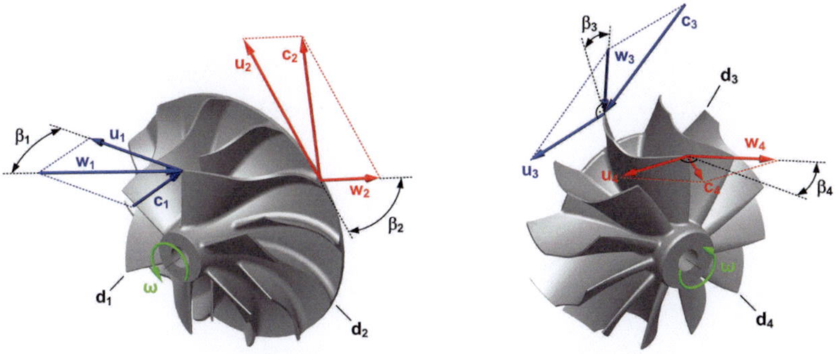

Abb. 2.4: Geschwindigkeitsplan am Ein- und Austritt eines Radialverdichterrades (links) und eines Radialturbinenrades (rechts)

Für die Energieumwandlung im Laufrad eines Verdichters bzw. einer Turbine gilt die von EULER aufgestellte allgemeine Strömungsmaschinen-Hauptgleichung (**Tab. 2.1**, Gleichungen (2.6) und (2.9)).

Tab. 2.1: Strömungsmaschinen-Hauptgleichung nach EULER für Verdichter und Turbine

Verdichter	Turbine
Das von den Schaufeln des Verdichterrades auf die Strömung übertragene Drehmoment beträgt: $M = \dot{m} \cdot \left(\frac{d_2}{2} \cdot c_{u2} - \frac{d_1}{2} \cdot c_{u1} \right)$ (2.6) Die spezifische theoretische[4] Enthalpiedifferenz ergibt sich zu: $\Delta h_{th\infty} = \frac{P}{\dot{m}} = \frac{M \cdot \omega}{\dot{m}}$ (2.7) $\Delta h_{th\infty} = \frac{1}{2}\left(c_2^2 - c_1^2 + u_2^2 - u_1^2 - w_2^2 + w_1^2\right)$ (2.8)	Das von der Strömung auf das Turbinenrad ausgeübte Drehmoment beträgt: $M = \dot{m} \cdot \left(\frac{d_3}{2} \cdot c_{u3} - \frac{d_4}{2} \cdot c_{u4} \right)$ (2.9) Die spezifische theoretische[4] Enthalpiedifferenz ergibt sich zu: $\Delta h_{th\infty} = \frac{P}{\dot{m}} = \frac{M \cdot \omega}{\dot{m}}$ (2.10) $\Delta h_{th\infty} = \frac{1}{2}\left(c_3^2 - c_4^2 + u_3^2 - u_4^2 - w_3^2 + w_4^2\right)$ (2.11)

Die in einer Strömungsmaschine stattfindende Zustandsänderung lässt sich in einem *h*-*s*-Diagramm vereinfacht darstellen. **Abb. 2.5** zeigt den Vorgang der Verdichtung (links) und der Expansion (rechts) für den isentropen und den polytropen Fall.

[4] Annahme: verlustfreie und schaufelkongruente Durchströmung des Laufrades

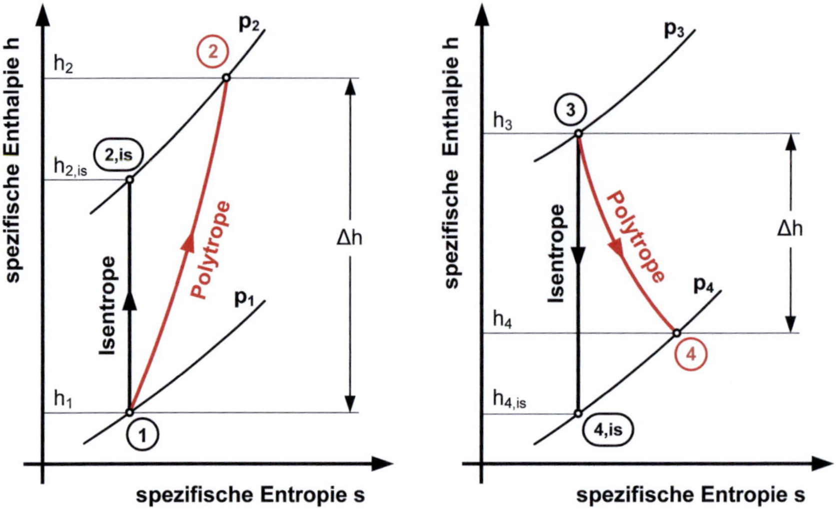

Abb. 2.5: h-s-Diagramm der Zustandsänderung im Verdichter (links) und in der Turbine (rechts)

Die isentrope Zustandsänderung stellt eine theoretische Betrachtung dar, der bei der Definition des Wirkungsgrades eine besondere Bedeutung zukommt, weil die dabei auftretende Enthalpiedifferenz als Referenzgröße verwendet wird [ZIN12]. Der isentrope Verdichterwirkungsgrad ist als Verhältnis der Enthalpiedifferenz bei isentroper Verdichtung zur Enthalpiedifferenz bei polytroper Verdichtung definiert:

$$\eta_{V,is} = \frac{h_{2,is} - h_1}{h_2 - h_1} \tag{2.12}$$

Entsprechend gilt für den isentropen Turbinenwirkungsgrad:

$$\eta_{T,is} = \frac{h_3 - h_4}{h_3 - h_{4,is}} \tag{2.13}$$

2.2 Kennfeldvermessung von Abgasturboladern

2.2.1 Kenngrößen und Kennfelddarstellung

Die Betriebscharakteristik einer Strömungsmaschine wird üblicherweise durch die Größen Durchsatz, Druckverhältnis, Umfangsgeschwindigkeit, Wirkungsgrad und deren Darstellung in Kennfeldern beschrieben. Die Vermessung solcher Kennfelder erfolgt i. Allg. an Turbolader- bzw. Heißgasprüfständen (siehe Kapitel 2.2.2). Um den Einfluss der Eintrittsbedingungen zu eliminieren und damit die Vergleichbarkeit zu gewährleisten, werden die Größen Durchsatz und Umfangsgeschwindigkeit unter Berücksichtigung strömungsmechanischer Ähnlichkeitsgesetze auf definierte Referenzbedingungen umgerechnet [MER09]. Da die Modellierung des Abgasturboladers in der Motorprozesssimulation ebenfalls auf diesen Größen basiert, erleichtert diese Vorgehensweise zudem die Umrechnung der Kennfelddaten auf die entsprechenden Eintrittsbedingungen. Die in dieser Arbeit zur Kennfelddarstellung verwendeten Größen sind in **Tab. 2.2** zusammengefasst. Als Referenzbedingungen werden in Anlehnung an [SAEJ1826] $T_{1,Ref} = 25\ °C$, $p_{1,Ref} = 1\ bar$ und $T_{3,Ref} = 600\ °C$ angenommen. Die Berechnung der kalorischen Stoffwerte basiert auf Daten aus [VDI06] und ist in [MAI10] und [KRA10] dokumentiert.

Tab. 2.2: Kennfeldgrößen Abgasturbolader

	Verdichter	Turbine
Durchsatz	$\dot{m}_{V,red} = \dot{m}_V \cdot \frac{p_{1,Ref}}{p_{1,tot}} \cdot \sqrt{\frac{T_{1,tot}}{T_{1,Ref}}}$ (2.14) $\dot{V}_{V,red} = \dot{V}_V \cdot \sqrt{\frac{T_{1,Ref}}{T_{1,tot}}}$ (2.15)	$\dot{m}_{T,red} = \dot{m}_T \cdot \frac{\sqrt{T_{3,tot}}}{p_{3,tot}}$ (2.16)
Druck-verhältnis	$\pi_{V,tt} = \frac{p_{2,tot}}{p_{1,tot}}$ (2.17)	$\pi_{T,ts} = \frac{p_{3,tot}}{p_{4,st}}$ (2.18)
Drehzahl / Umfangsgeschwindigkeit	$n_{V,red} = n_{ATL} \cdot \sqrt{\frac{T_{1,Ref}}{T_{1,tot}}}$ (2.19) $u_{V,red} = n_{ATL} \cdot \pi \cdot d_V \cdot \sqrt{\frac{T_{1,Ref}}{T_{1,tot}}}$ (2.20)	$n_{T,red} = \frac{n_{ATL}}{\sqrt{T_{3,tot}}}$ (2.21) $u_{T,red} = n_{ATL} \cdot \pi \cdot d_T \cdot \sqrt{\frac{T_{3,Ref}}{T_{3,tot}}}$ (2.22)
Wirkungsgrad	$\eta_{V,is} = \frac{h_{2,tot,is} - h_{1,tot}}{h_{2,tot} - h_{1,tot}}$ (2.23)	$\eta_{T,is} \cdot \eta_{ATL,m} = \frac{\dot{m}_V \cdot (h_{2,tot} - h_{1,tot})}{\dot{m}_T \cdot (h_{3,tot} - h_{4,st,is})}$ (2.24)
Laufzahl		$\frac{u}{c_0} = \frac{n_{ATL} \cdot \pi \cdot d_T}{\sqrt{2 \cdot (h_{3,tot} - h_{4,st,is})}}$ (2.25)

Der thermodynamischen Berechnung des Verdichters wird jeweils der totale Zustand am Ein- und Austritt zu Grunde gelegt. Bei der Turbine ist das nur am Eintritt der Fall; die drallbehaftete Strömung am Turbinenaustritt beeinträchtigt die Vermessung des totalen Zustandes, weshalb hier der statische Zustand betrachtet wird. Die Berechnung des isentropen Turbinenwirkungsgrades nach Gleichung (2.13) beruht auf der Annahme einer adiabaten Zustandsänderung, die jedoch bei hoher Turbineneintrittstemperatur in Anbetracht der großen Temperaturdifferenz zur Umgebung nicht angemessen ist. Zwar lässt sich der diabate Fehler durch die Beaufschlagung der Turbine mit kalter Luft verringern, allerdings erschwert auch in diesem Fall das Strömungsprofil nach Turbine die Bestimmung der (massenstromgemittelten) Turbinenaustrittstemperatur, die zur Berechnung des isentropen Wirkungsgrades erforderlich ist [MAI13]. Gegenwärtig existiert kein experimentelles Verfahren, mit dem der isentrope Turbinenwirkungsgrad unmittelbar, d. h. ohne Eingriffe am Abgasturbolader, bestimmt werden kann. Stattdessen wird der Turbinenwirkungsgrad als Verhältnis von Verdichterleistung und isentroper Turbinenleistung berechnet. Da die Turbine jedoch nicht nur die Leistung zum Antrieb des Verdichters, sondern auch die mechanische Verlustleistung aufbringen muss, beinhaltet der Turbinenwirkungsgrad auch die Reibung der Wellenlagerung. Für die Kennfelddarstellung der Turbine ist außerdem die Verwendung der Laufzahl gebräuchlich. Sie ist definiert als Verhältnis der Umfangsgeschwindigkeit zur theoretischen Strömungsgeschwindigkeit, die sich bei isentroper Entspannung des Abgases vom Zustand $p_{3,tot}$ und $T_{3,tot}$ auf $p_{4,st}$ ergäbe.

Zur Darstellung des Verdichterkennfeldes (**Abb. 2.6**) wird entlang der Linien konstanter reduzierter Umfangsgeschwindigkeit das Druckverhältnis über dem reduzierten Verdichtervolumenstrom aufgetragen. Ergänzt wird diese Darstellung durch Linien konstanten Verdichterwirkungsgrades.

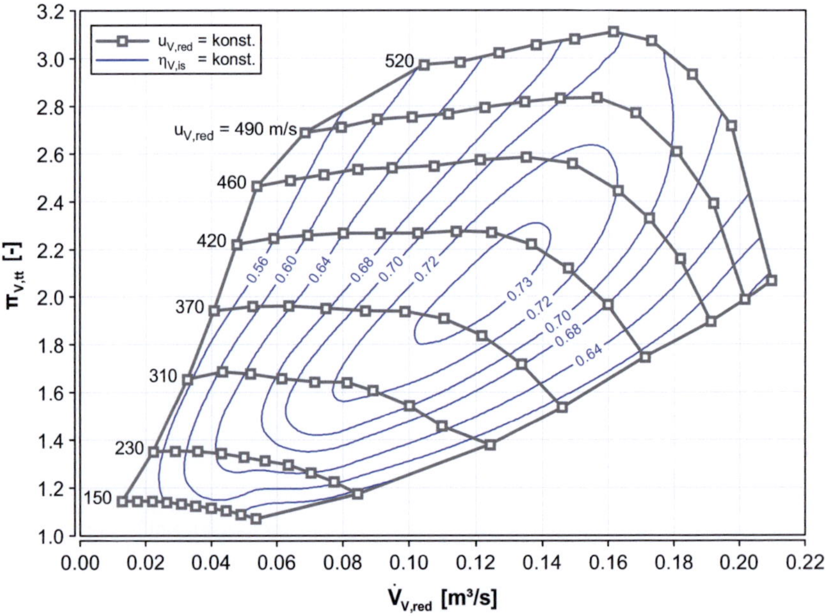

Abb. 2.6: Kennfeld eines Radialverdichters (Messung)

Der Betriebsbereich des Verdichters wird zu kleinem Durchsatz und hohem Druck hin durch die Pumpgrenze, zu hohem Durchsatz hin durch die Stopfgrenze begrenzt. Die maximal zulässige Umfangsgeschwindigkeit bestimmt das maximal erreichbare Druckverhältnis. Das Phänomen des Pumpens ist durch eine Strömungsablösung in den Schaufelkanälen des Verdichterrades gekennzeichnet und kann aufgrund der dabei entstehenden Druckschwingung zur Zerstörung des Laufrades führen (siehe hierzu u. a. [BAI05], [GRI08], [MÜL08], [ZIN12]). An der Stopfgrenze erreicht die Gasströmung im Verdichter, in der Regel im engsten Querschnitt des Verdichtereintrittes, Schallgeschwindigkeit. Der Durchsatz kann auch durch eine Anhebung der Drehzahl nicht weiter gesteigert werden [ZIN12].

Das Turbinenkennfeld stellt den reduzierten Turbinenmassenstrom und den Turbinenwirkungsgrad entlang der Linien konstanter reduzierter Umfangsgeschwindigkeit über dem Druckverhältnis (**Abb. 2.7**) oder über der Laufzahl (**Abb. 2.8**) dar. Der Betriebsbereich der Turbine wird einerseits durch das Erreichen der Schallgeschwindigkeit und damit des maximalen Durchsatzes, andererseits durch die unter den vorherrschenden Bedingungen (T_3, p_3) maximal zulässige Umfangsgeschwindigkeit begrenzt.

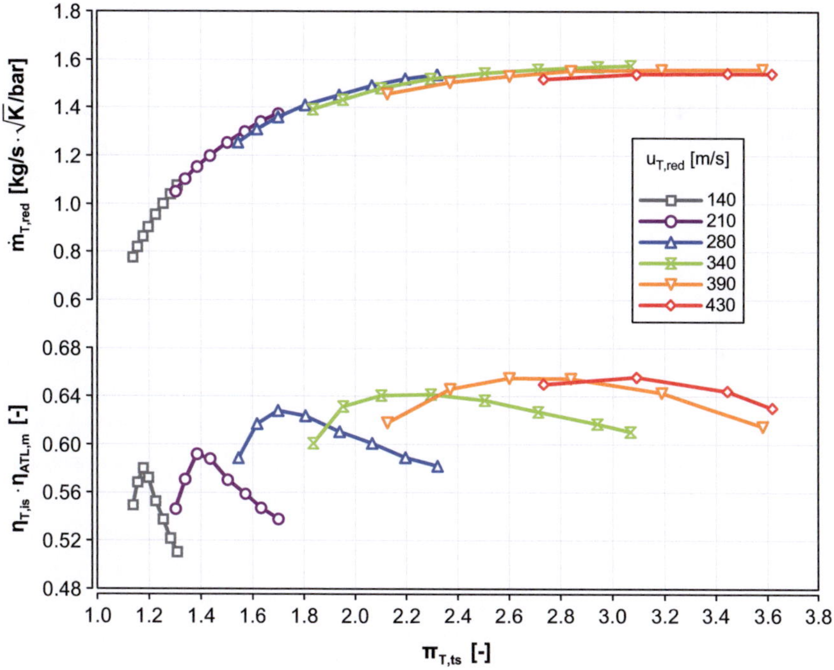

Abb. 2.7: Kennfeld einer Radialturbine (Messung)

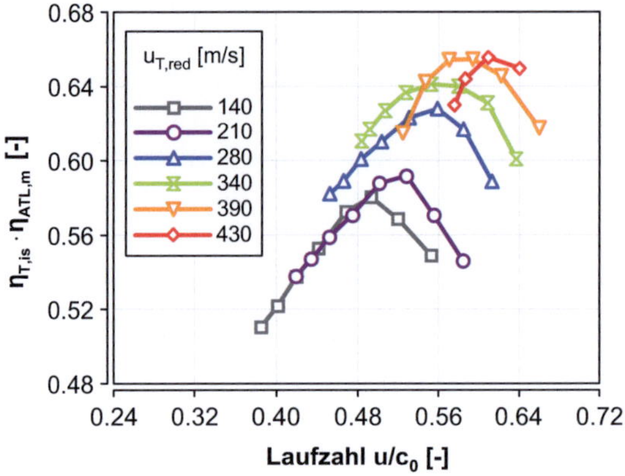

Abb. 2.8: Turbinenwirkungsgrad in Abhängigkeit der Laufzahl (Messung)

2.2.2 Experimentelle Kennfeldermittlung

Die Kennfeldvermessung stellt im Entwicklungsprozess eines Abgasturboladers ein grundlegendes Werkzeug dar. Sie dient nicht nur der aero- und thermodynamischen Bewertung der Strömungsmaschinen, sondern liefert auch die Datenbasis für die Prozessrechnung des damit aufgeladenen Verbrennungsmotors. Auch wenn es mittlerweile möglich ist, komplette Kennfelder mittels dreidimensionaler Strömungssimulation zu berechnen ([BAA13], [ZEL13]), hat die experimentelle Kennfeldermittlung nicht an Bedeutung verloren.

Die thermodynamische Vermessung von Abgasturboladern unterliegt keinem allgemein anerkannten Standard. In [SAEJ1826] werden Empfehlungen zur Kennfeldvermessung und -darstellung gegeben; [ISO5389] umfasst Vorschriften zur Vermessung und Berechnung von Strömungsverdichtern. In der experimentellen Praxis werden [SAEJ1826] und [ISO5389] jedoch nicht als verbindlich, sondern eher als Richtlinie denn als Norm angesehen. Das heißt, weder Prüfaufbau noch -ablauf und -randbedingungen sind einheitlich festgelegt. Die Prüfbedingungen[5] haben jedoch erheblichen Einfluss auf das Messergebnis ([NIC05], [NIC08], [MAI10]), was beispielsweise die Vergleichbarkeit an unterschiedlichen Prüfständen gemessener Turboladerkennfelder erschwert.

Die thermodynamische Vermessung von Abgasturboladern erfolgt in der Regel an speziellen Turboladerprüfständen (**Abb. 2.9**) unter stationären Bedingungen [ZIN12]. Den technischen Standard stellen Heißgasprüfstände mit separatem Verdichter- und

[5] z. B.: Lage der Systemgrenze, Messquerschnitte, Messstellenausführung, Umgebungsbedingungen, Wärmedämmung, thermodynamische Berechnung

Turbinenkreis (Freilaufbetrieb) dar, bei denen eine oder mehrere Brennkammern das Verbrennungsgas generieren, mit dem die Turbine kontinuierlich beaufschlagt wird [WES07].

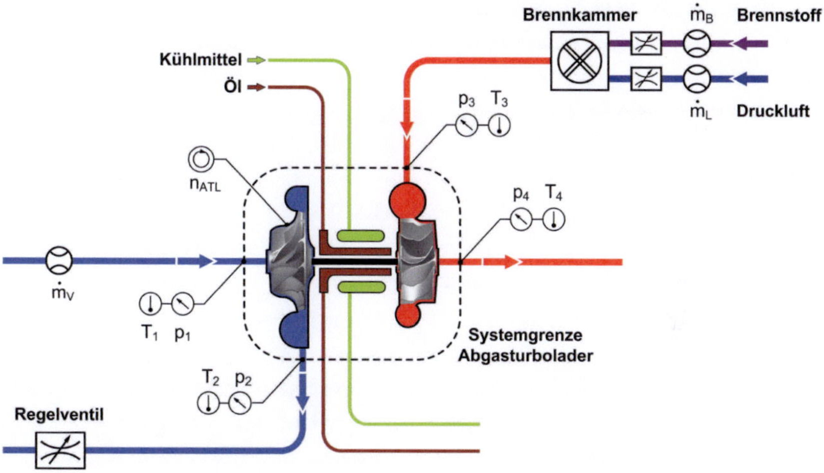

Abb. 2.9: Schema eines Heißgasprüfstandes mit separatem Verdichter- und Turbinenkreis

Als Brennstoff werden Erdgas, Propan, Diesel oder Heizöl verwendet ([NAU08], [LAR09]). Um die Temperatur des Heißgases in einem möglichst großen Durchsatzbereich definiert einstellen zu können, wird dem Abgas kalte Mischluft zugeführt [MAN02]. Prinzipiell ist für Prüfstände dieser Bauart eine externe Druckluftversorgung notwendig, die auch eine kalte Beaufschlagung der Turbine gestattet. Mit Heißgasprüfständen nach dem Ringleitungsprinzip, die vor allem für die Vermessung sehr großer Turbolader für Schiff- oder Lokomotivmotoren Anwendung finden, ist dies nicht oder nur eingeschränkt möglich. Die zum Betrieb der Brennkammer benötigte Druckluft wird hier vom Verdichter des Abgasturboladers gefördert. Eine separate Druckluftversorgung ist lediglich für den Anfahrvorgang dimensioniert [SCH09].

Bei der konventionellen Kennfeldvermessung dient der Verdichter als Leistungsbremse der Turbine. Turbinen- und Verdichterkreis sind im Freilaufbetrieb strömungstechnisch voneinander entkoppelt, d. h. die Massenströme sind nahezu unabhängig voneinander einstellbar. Einzige Zwangsbedingung stellt aufgrund der mechanischen Verbindung von Verdichter- und Turbinenrad die Drehzahl dar. Der Betriebspunkt des Verdichters wird über ein Regelventil nach Verdichteraustritt, der Betriebspunkt der Turbine über den Massenstrom eingestellt.

Zur Ermittlung der Kennfelder von Turbine und Verdichter werden jeweils am Ein- und Austritt der Druck und die Temperatur gemessen sowie der Massen- bzw. der Volumenstrom bestimmt. Die Laufzeugdrehzahl wird am Verdichterrad erfasst. Angaben zur Messtechnik und Messstellenausführung an Heißgasprüfständen können [NIC08] und [MAI10] entnommen werden.

Ein Nachteil der stationären Kennfeldvermessung an Heißgasprüfständen mit Brennkammer ist die kontinuierliche Beaufschlagung der Turbine, die nicht den Einsatzbedingungen des Abgasturboladers am Verbrennungsmotor entspricht. Auch wenn sich nach [MER09] die Beschreibung des Betriebsverhaltens von Strömungsmaschinen über Kennfelder auch für instationäre Vorgänge als ausreichend genau erwiesen hat, so ist der Einfluss der pulsierender Beaufschlagung auf Turbinenleistung und -wirkungsgrad Gegenstand zahlreicher Untersuchungen und wird zum Teil kontrovers diskutiert ([BAI10], [AYM11], [MAR11], [ZIN12], [KAL12], [PIS12], [HAM12]). In jüngster Vergangenheit wurden dazu Messverfahren entwickelt und vorgestellt, welche die Kennfeldvermessung unter motorähnlichen Betriebsbedingungen ermöglichen.

[THI08] beschreibt die Bestimmung von Turboladerkennfeldern auf der Basis von Motorprüfstandsmessungen an einem 3- und einem 4-Zylinder-Dieselmotor. In [NIC05] und [SEN06] wird das Betriebsverhalten des Verdichters an einem Heißgasprüfstand sowie im stationären und transienten Fahrzeugbetrieb auf einem Rollenprüfstand untersucht und verglichen. Ein in [ZEL08] vorgestelltes Prüfstandskonzept bedient sich eines mechanisch aufgeladenen 4-Zylinder-Ottomotors als Heißgasgenerator. Mittels eines optionalen Pulsationsdämpfers ist damit auch die kontinuierliche Beaufschlagung der Turbine realisierbar. [REU10] vergleicht verschiedene Konzepte zur Impulserzeugung an einem Heißgasprüfstand und verwendet für experimentelle Untersuchungen den Zylinderkopf eines 4-Zylinder-Motors als Impulsgenerator. Um Rückwirkungen auf den Betrieb der Brennkammer zu vermeiden, kommt zusätzlich ein Impulsdämpfer zum Einsatz. Auch in [GRI04] wird eine Brennkammer mit einem Zylinderkopf-Gehäuse zur Generierung verschiedener Pulsfrequenzen kombiniert. In [CAP06] und [LAU10] werden Strömungsprüfstände zur Untersuchung von Abgasturboladern vorgestellt, bei denen die Druckpulsation vor Turbine mittels rotierender Ventile generiert wird.

Dem Vorteil motorähnlicher Randbedingungen dieser Verfahren stehen als Nachteil die höhere Komplexität des Prüfaufbaus und die größere Anzahl an Freiheitsgraden (Amplitude, Frequenz und Form der Pulse) gegenüber. Dadurch wird einerseits die Vergleichbarkeit der Messergebnisse, andererseits die Übernahme der Daten in die Modelle der Motorprozessrechnung erschwert. Die Verwendung unter kontinuierlicher Beaufschlagung der Turbine vermessener Kennfelder stellt hierfür nach wie vor den Stand der Technik dar. Allerdings ist die direkte Datenübernahme nur begrenzt möglich bzw. sinnvoll, da nach [ROS08] folgende Punkte zu berücksichtigen sind:

- Wirkungsgrad der Turbine enthält mechanische Verluste
- schmaler vermessener Betriebsbereich der Turbine
- Verfälschung der isentropen Wirkungsgrade durch Wärmeströme

2.2.3 Diabates Verhalten des Abgasturboladers

Die experimentelle Kennfeldermittlung eines Abgasturboladers basiert auf der Annahme einer adiabaten Zustandsänderung im Verdichter und in der Turbine (vgl. Kapitel 2.2.1). Tatsächlich handelt es sich bei einem Abgasturbolader um ein diabates System, dessen Bauteile durch Wärmeleitung, -konvektion und -strahlung untereinander und mit der Umgebung thermisch interagieren. Das diabate Verhalten des Abgasturboladers wird u. a. in [MAL89], [BOH02], [SHA04], [HEU05], [SHA06] diskutiert und beschrieben. In [ROM09] wird der Wärmehaushalt eines an einem Verbrennungsmotor verbauten Abgasturboladers untersucht.

Abb. 2.10 zeigt ein vereinfachtes qualitatives Wärmestrommodell eines Abgasturboladers.

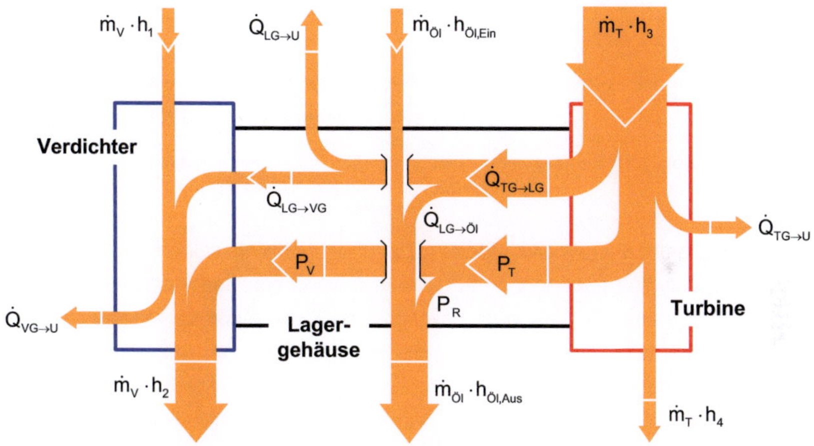

Abb. 2.10: Wärmestrommodell Abgasturbolader

Die Turbine gibt Wärme sowohl an die Umgebung als auch an das Lagergehäuse und Laufzeug ab. Ein Teil dieser Wärme wird über das Schmieröl und ggf. über das Kühlmittel abgeführt. Der Verdichter nimmt Wärme aus dem Lagergehäuse und der Umgebung auf oder gibt sie dahin ab. In [WYG10] wird auf Basis experimenteller Untersuchungen an einem Abgasturbolader abgeschätzt, dass vom gesamten Wärmeaustrag der Turbine ca. 70 % durch Strahlung und Konvektion an die Umgebung, ca. 25 % in den Ölkreislauf und etwa 5 % in den Verdichter abgegeben werden. Es wird darauf hingewiesen, dass die Wärmebilanz vom Abgasturbolader selbst sowie von den Betriebsbedingungen, insbesondere der Turbineneintrittstemperatur, abhängig ist.

Abb. 2.11 zeigt schematisch den Verdichtungsprozess in einem adiabaten und diabaten Verdichter.

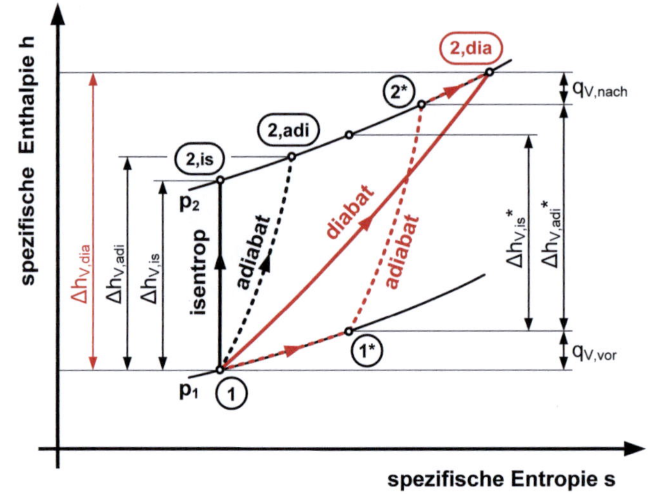

Abb. 2.11: h-s-Diagramm einer isentropen, adiabaten und diabaten Zustandsänderung im Verdichter

Die im Diagramm dargestellte diabate Zustandsänderung spiegelt den Fall einer Verdichtung mit Wärme**ein**trag wider. Dabei führt der in den Verdichter fließende Wärmestrom zu einer Erhöhung der Verdichteraustrittstemperatur, die unmittelbar in die Berechnung des Verdichterwirkungsgrades eingeht. Der experimentell bestimmte Verdichterwirkungsgrad beinhaltet demzufolge neben der durch die Verdichtung auch die vom Wärmestrom in den Verdichter verursachte Enthalpieerhöhung. Grundsätzlich beeinflusst der Wärmeeintrag in den Verdichter auch den Verdichtungsprozess. Dabei spielt der Ort der Wärmezufuhr eine entscheidende Rolle [MAL89]. Erfolgt der Wärmeeintrag vor der Verdichtung, so steigt bei Annahme einer gleichen polytropen Zustandsänderung die erforderliche Verdichterleistung ([MAL89], [SHA06], [UHL12]). Unter realen Bedingungen ist eine Wärmezufuhr vor, während und nach der Kompression zu erwarten. Zur Vereinfachung wird der Vorgang des Wärmeeintrages meist in zwei Bereiche aufgeteilt, eine isobare Erwärmung vor und nach der Verdichtung ($q_{V,vor}$, $q_{V,nach}$). Der Verdichtungsprozess selbst wird als adiabat betrachtet [CAS09]. Nach [SIR11] hat der Wärmeeintrag keinen wesentlichen Einfluss auf das thermodynamische oder aerodynamische Betriebsverhalten des Abgasturboladers und ruft keine Verschiebung der Betriebspunkte von Verdichter und Turbine hervor [UHL12].

Für den Verdichterwirkungsgrad ergeben sich demzufolge zwei Definitionen:

(1) Der adiabate isentrope Verdichterwirkungsgrad:

$$\eta_{V,adi} = \frac{\Delta h_{V,is}}{\Delta h_{V,adi}} = \frac{\Delta h_{V,is}^{*}}{\Delta h_{V,adi}^{*}} \tag{2.26}$$

(2) Der diabate isentrope Verdichterwirkungsgrad, der dem am Prüfstand unter diabaten Bedingungen bestimmten Wirkungsgrad entspricht:

$$\eta_{V,dia} = \frac{\Delta h_{V,is}}{\Delta h_{V,dia}} = \frac{\Delta h_{V,is}^{*}}{\Delta h_{V,dia}^{*}} \tag{2.27}$$

$$\eta_{V,dia} = \frac{\Delta h_{V,is}}{\Delta h_{V,adi} + q_V} \tag{2.28}$$

Analog der Betrachtung des Verdichters lässt sich turbinenseitig die Wärmeabgabe vereinfacht in eine isobare Abkühlung vor und nach der Expansion unterteilen ($q_{T,vor}$, $q_{T,nach}$), während die Expansion selbst als adiabat angenommen wird (**Abb. 2.12**).

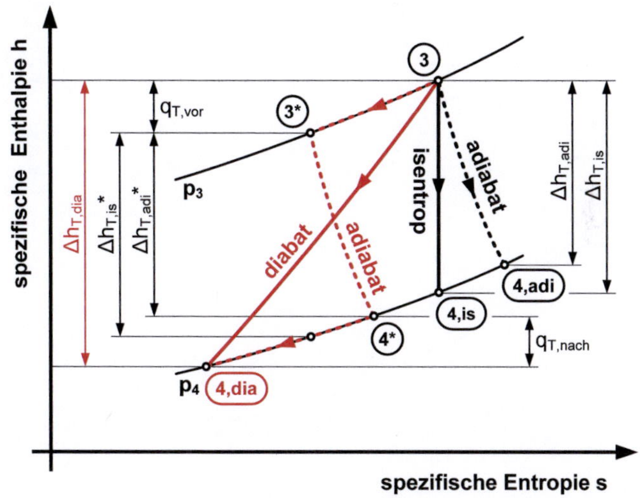

Abb. 2.12: h-s-Diagramm einer isentropen, adiabaten und diabaten Zustandsänderung in der Turbine

Der Wärmeaustrag führt zu einer im Vergleich zur adiabaten Expansion niedrigeren Turbinenaustrittstemperatur. Für die Kennfeldvermessung ist dies jedoch von untergeordneter Bedeutung, da im Gegensatz zum Verdichter der Wirkungsgrad der Turbine nicht über die Temperaturdifferenz zwischen Ein- und Austritt bestimmt wird. Auf die Definition des adiabaten isentropen und diabaten isentropen Turbinenwirkungsgrades wird deshalb an dieser Stelle verzichtet und auf [MAL89] und [SHA04] verwiesen. Ungeachtet dessen wirkt sich das diabate Verhalten eines Abgasturboladers auch auf die Bestimmung des Turbinenwirkungsgrades nach Gleichung (2.24) aus. Wird die Leistung des Verdichters infolge des Wärmeeintrages zu hoch bestimmt, folgt daraus ein ebenfalls zu hoch ermittelter Turbinenwirkungsgrad.

Die Berücksichtigung des Wärmestromes in den Verdichter ist also bei der Kennfeldvermessung eine wesentliche Voraussetzung für die korrekte Bestimmung des Verdichter- und des Turbinenwirkungsgrades. Dies gilt insbesondere für Betriebsbereiche, in denen die im Abgasturbolader vorherrschenden Bedingungen die Annahme einer adiabaten Zustandsänderung entkräften. Nach [PUC02] ist davon der Betriebsbereich bei einer ATL-Drehzahl kleiner als 45 % der Maximaldrehzahl bzw. einer Umfangsgeschwindigkeit unterhalb von 200 m/s betroffen. Die im Vergleich zur Verdichter- und Turbinenleistung verhältnismäßig großen Wärmeströme verfälschen hier das Messergebnis und können unter diesen Umständen nicht vernachlässigt werden. Eigenen Untersuchungen an Abgasturboladern für Pkw-Anwendungen zufolge heißt das, dass die Annahme einer adiabaten Zustandsänderung im Verdichter praktisch erst ab einem Verhältnis von Verdichterwärmestrom $\dot{Q}_V$ zu adiabater Verdichterleistung $P_{V,adi}$ von weniger als 0,2 gerechtfertigt ist (**Abb. 2.13**).

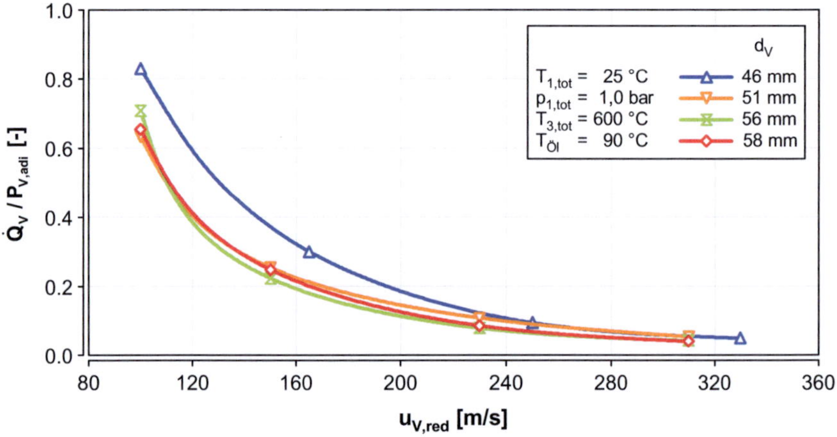

Abb. 2.13: Verhältnis von Verdichterwärmestrom zu adiabater Verdichterleistung bei der thermodynamischen Vermessung von Abgasturboladern am Heißgasprüfstand

Erheblichen Einfluss haben dahingehend neben der Drehzahl bzw. dem Durchsatz auch die Öl-, Kühlmittel- und Turbineneintrittstemperatur, wie beispielsweise in [BER02], [PUC02], [OTO10] und [LÜD12] aufgezeigt wird.

Um den Wärmestrom in den Verdichter bei der Kennfeldvermessung berücksichtigen zu können, existieren unterschiedliche experimentelle und rechnerische Ansätze. Eine relativ einfache und häufig angewandte Methode besteht darin, das diabate

System Abgasturbolader in ein (annähernd) adiabates zu überführen. Durch die Wahl der Versuchsrandbedingungen lassen sich Temperaturgradienten und damit Wärmeströme innerhalb des Turboladers reduzieren. Erreicht wird dies durch eine kalte Vermessung, bei der die Turbine nicht mit heißem Abgas, sondern mit kalter Druckluft beaufschlagt wird. In [MAL89] bildet diese als quasi-adiabate Zustandsänderung bezeichnete Methode die Grundlage für die experimentelle Bestimmung der adiabaten Wirkungsgrade von Verdichter und Turbine. Der gleiche Ansatz wird in [OTO10] mit dem Unterschied verfolgt, dass hier neben der Turbineneintrittstemperatur auch die Öl- und Kühlmitteltemperatur verringert wird. In [CHE11] wird der Abgasturbolader thermisch isoliert und die Turbineneintrittstemperatur für jeden Betriebspunkt so eingestellt, dass das arithmetische Mittel aus Ein- und Austrittstemperatur für Turbine und Verdichter gleich ist. Bei den in [GRI13] vorgestellten Untersuchungen wird die Turbine kalt beaufschlagt und zusätzlich der Druck am Verdichtereintritt erhöht. Über die Definition einer diabaten Kennzahl und anschließender Regressionsrechnung wird der adiabate Verdichterwirkungsgrad bestimmt.

Bei dem in [SCH10] angewandten Verfahren wird der Abgasturbolader zunächst konventionell vermessen und anschließend der Verdichter durch eine elektrische Belastungseinrichtung der Turbine ersetzt. Aus dem Vergleich der über die Temperaturdifferenz bestimmten Verdichterleistung mit der von der Belastungseinrichtung aufgenommenen Leistung lässt sich der Wärmestrom ermitteln.

Das in [FIL12] vorgestellte Verfahren zur Wärmestromkorrektur beruht auf der Variation der Kühlmittel- oder der Turbineneintrittstemperatur und der anschließenden iterativen Berechnung des Wärmestromes auf Basis des FOURIERschen Gesetzes[6]. Ein ähnlicher Ansatz zur Wärmeleitung wird in [SEU06] verwendet, um gemessene Verdichterkennfelder in den Bereich kleiner Drehzahl zu extrapolieren und dabei den Einfluss des Wärmestromes zu eliminieren. Auch das in [BER09] untersuchte diabate Turboladermodell beruht auf diesem Ansatz. In [BAI09] und [WYG10] werden die Wärmeströme an drei verschiedenen Turboladern basierend auf der Messung der Bauteiloberflächen- und Fluidtemperaturen bei unterschiedlicher Turbineneintrittstemperatur analysiert und daraus ein eindimensionales Wärmeübergangsmodell entwickelt.

In [BOH02], [HEU05] und [BOH05] werden die Wärmeströme in Abgasturboladern mittels Kombination experimenteller und ein- und dreidimensionaler numerischer Methoden analysiert. Mit der numerischen Simulation wird der Wärmeaustausch zwischen Strömung und Festkörper im Verdichter berechnet. Aus den Ergebnissen einer Parameterstudie mit Variation von Massenstrom und Turbineneintrittstemperatur wird

[6] Das FOURIERsche Gesetz der Wärmeleitung beschreibt den Vorgang des Wärmetransportes infolge eines Temperaturgradienten in einem Festkörper oder einem ruhenden Fluid.

eine Berechnungsvorschrift formuliert, mit der der Wärmetransport in Abhängigkeit aerothermischer und geometrischer Größen des Verdichters und der Turbineneintrittstemperatur berechnet werden kann. Auch bei den in [CHA02] durchgeführten Untersuchungen liefern experimentelle Ergebnisse die Randbedingungen für die CFD-Simulation, mit der schließlich der Wärmestrom zwischen Turbine und Verdichter berechnet wird.

In [SIR11] und [CAS10] wird der Wärmeeintrag in den Verdichter allein rechnerisch über ein physikalisches Modell basierend auf der EULERschen Turbinengleichung ermittelt (Gleichung (2.9)). In [BER02] erfolgt die Berechnung des Wärmestromes von der Turbine in den Verdichter auf Grundlage des NEWTONschen Wärmeübergangsgesetzes[7]. In [BRA05] wird ein Ansatz vorgestellt, mit dem im Auslegungsprozess der Wärmestrom in den Verdichter durch Skalierung abgeschätzt werden kann.

Zusammenfassend ist festzustellen, dass die der Bestimmung des Verdichterwärmestromes bzw. des adiabaten Verdichterwirkungsgrades zu Grunde gelegten Ansätze und Modelle zum Teil erheblichen experimentellen und rechnerischen Aufwand erfordern. Es existiert aktuell keine probate Methode, mit der sich der adiabate Verdichterwirkungsgrad allein auf Basis der herkömmlichen Kennfeldvermessung ermitteln lässt.

2.2.4 Erweiterte Kennfeldvermessung der Turbine

Die Randbedingungen der thermodynamischen Vermessung eines Abgasturboladers an einem Heißgasprüfstand entsprechen nur bedingt den in der Einbausituation am Motor auftretenden Verhältnissen. Neben der Betriebsart (transient / stationär) und geometrischen Unterschieden (z. B. Leitungslängen, -querschnitte und -volumina, Ein- und Auslaufstrecken) sind vor allem die thermodynamischen Randbedingungen zu nennen. Im Gegensatz zum Betrieb am Verbrennungsmotor wird die Turbine am Heißgasprüfstand kontinuierlich beaufschlagt. Die Vermessung erfolgt in der Regel bei einer definierten Turbineneintrittstemperatur und konstantem (atmosphärischen) Druck nach Turbine [VOG11]. Der vermessene Kennfeldbereich der Turbine deckt lediglich einen Teil ihres im Motorbetrieb genutzten Betriebsbereiches ab [KÖR09], [SEU06]. Da der Verdichter als Belastungseinrichtung der Turbine fungiert, bestimmt er deren vermessbaren Kennfeldbereich. Bei einer bestimmten Drehzahl kann die Turbinenleistung maximal nur so hoch eingestellt werden, wie sie der Verdichter maximal abverlangen kann. Im Motorbetrieb kann jedoch beispielsweise der Fall eintreten, dass die Turbine zur Beschleunigung des Laufzeugs eine höhere als die vom Verdichter aufgenommene Leistung aufbringt [PUC97].

[7] Das NEWTONsche Wärmeübergangsgesetz beschreibt den Vorgang der Konvektion infolge der Temperaturdifferenz zwischen der Oberfläche eines Festkörpers und dem angrenzenden Fluid.

In [BER02] und [MER09] wird darauf verwiesen, dass sich die instationäre Anströmung der Turbine gemeinhin unter Verwendung stationär gemessener Kennfelder rechnerisch abbilden lässt. Für die Motorprozesssimulation der Teillast und des transienten Betriebes gilt dies jedoch nur bedingt. Einerseits wird der Turbolader hier bei kleiner Drehzahl betrieben, andererseits bewegt sich die am Motor betriebene Turbine im Bereich kleiner Laufzahl, was Untersuchungen in [SCH08] und [REU10] zufolge im Wesentlichen der Druckpulsation des Motorabgases geschuldet ist. Eigene Rechnungen in einem stationären Betriebspunkt eines turboaufgeladenen 4-Zylinder-Ottomotors zeigen beispielhaft, dass innerhalb eines Arbeitsspieles die Maxima der Turbinenleistung und -arbeit jeweils bei maximalem Druckverhältnis und minimaler Laufzahl erzielt werden (**Abb. 2.14**).

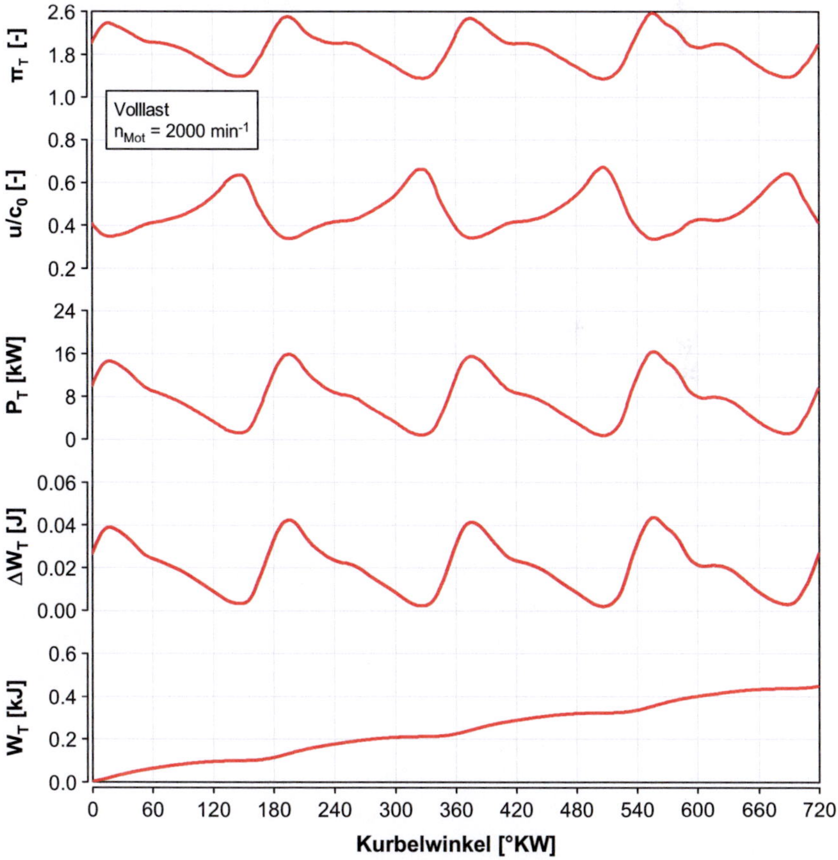

Abb. 2.14: Verlauf von Turbinenleistung, -druckverhältnis, -laufzahl und -arbeit über dem Kurbelwinkel in einem stationären Betriebspunkt eines aufgeladenen 4-Zylinder-Ottomotors (Simulation)

In **Abb. 2.15** ist für denselben Motorbetriebspunkt die während eines Arbeitsspieles verrichtete Turbinenarbeit nach der zugehörigen Laufzahl klassifiziert. Daraus geht hervor, dass 50 % der gesamten Turbinenarbeit in diesem Arbeitsspiel bei einer Laufzahl $u / c_0 \leq 0{,}4$ verrichtet werden.

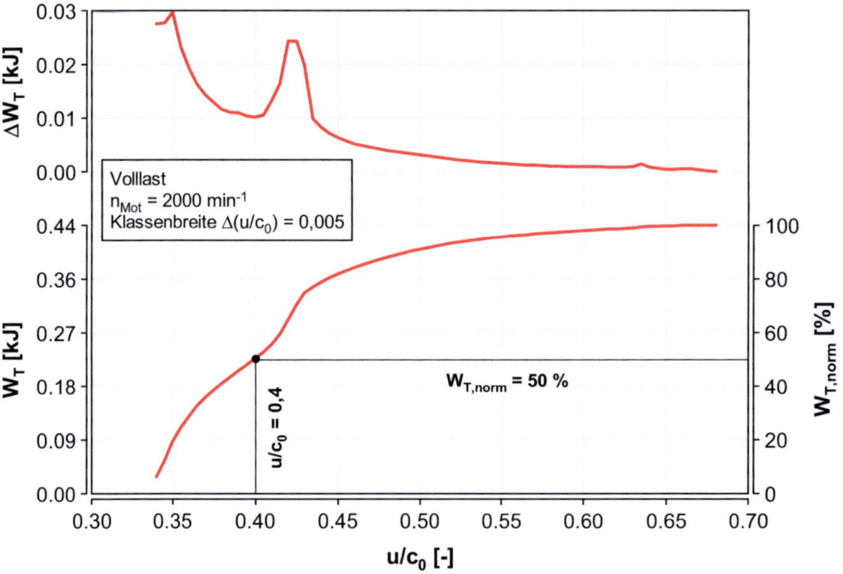

Abb. 2.15: Turbinenarbeit in Abhängigkeit der Laufzahl (Simulation)

Für die Motorprozesssimulation ist also der Turbinenwirkungsgrad insbesondere bei niedriger Laufzahl von Interesse. Im Bereich ihrer Durchgangslaufzahl (**Abb. 2.16**) wird die Turbine nur mit geringem Massen- und Enthalpiestrom beaufschlagt, weshalb der unter diesen Bedingungen ohnehin schon niedrige Wirkungsgrad für die Prozessrechnung von untergeordneter Bedeutung ist [BUL74]. Da der Betriebsbereich kleiner Laufzahl durch die konventionelle Kennfeldvermessung jedoch nur unzulänglich beschrieben wird, ist eine Extrapolation der Messdaten erforderlich. Das Durchsatzverhalten einer Turbine entspricht in erster Näherung dem einer adäquaten Blende oder Düse ([BUL74], [PUC02], [HIE03], [ZIN12]) und kann mit der SAINT-VENANTschen Durchflussgleichung unter Annahme eines Ersatzquerschnittes A_T recht gut extrapoliert werden (Gleichung (2.29)).

$$\dot{m}_T = \mu_T \cdot A_T \cdot p_3 \cdot \sqrt{\frac{2}{R \cdot T_3}} \cdot \psi \tag{2.29}$$

mit:

$$\psi = \sqrt{\frac{\kappa}{\kappa-1}\left[\left(\frac{p_4}{p_3}\right)^{\frac{2}{\kappa}} - \left(\frac{p_4}{p_3}\right)^{\frac{\kappa+1}{\kappa}}\right]} \tag{2.30}$$

Hingegen gestaltet sich die Extrapolation des Turbinenwirkungsgrades erheblich schwieriger [PUC02]. Für diesen Zweck wird u. a. in [BUL74] und [SCH08] die Darstellung des Turbinenwirkungsgrades über der Laufzahl empfohlen, was sich in der Praxis als geeignet erwiesen und weitgehend durchgesetzt hat. Im Gegensatz zur Darstellung über dem Druckverhältnis ist damit eine bessere Approximation des Kurvenverlaufes möglich, zumal der Koordinatenursprung ($u/c_0 = 0$, $\eta = 0$) sowie ggf. der Durchgangspunkt[8] wichtige Stützstellen bieten (**Abb. 2.16**). Neben dem theoretischen Verlauf des Turbinenwirkungsgrades über dem Druckverhältnis und der Laufzahl bei konstanter Drehzahl veranschaulicht **Abb. 2.16** qualitativ den Bereich, der durch die konventionelle Vermessung am Heißgasprüfstand abgedeckt wird.

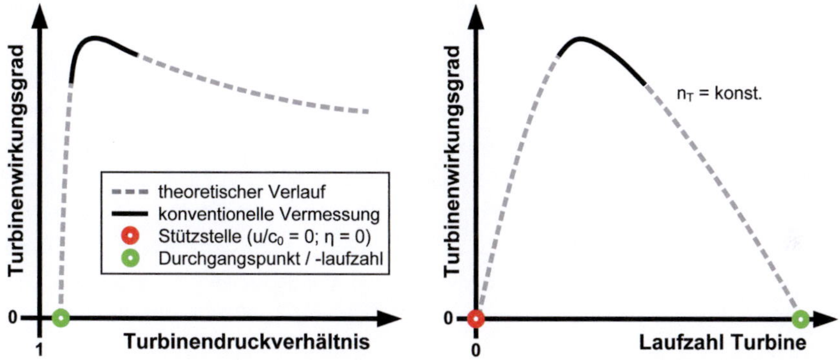

Abb. 2.16: Darstellung des Turbinenwirkungsgrades über dem Druckverhältnis (links) und über der Laufzahl (rechts)

In [BUL74] wird zur rechnerischen Extrapolation der am Prüfstand gemessenen Verläufe eine normierte Wirkungsgradkurve der Form

$$\eta_{T,norm} = -a \cdot \left(\frac{u}{c_0}\right)^2_{norm} + 2 \cdot a \cdot \left(\frac{u}{c_0}\right)_{norm} - a + 1 \tag{2.31}$$

verwendet. Auch in [PUC02] werden die Messdaten mit Hilfe von Parabeln extrapoliert. Für den Fall, dass der über der Laufzahl aufgetragene Wirkungsgrad nicht pa-

[8] An Stelle von Durchgangspunkt, Durchgangsdrehzahl und Durchgangslaufzahl finden in der Fachliteratur auch die Begriffe Durchbrennpunkt, Durchbrenndrehzahl und Durchbrennlaufzahl Verwendung (siehe hierzu auch S. 37).

rabolisch verläuft, empfiehlt [BUL74], lediglich den Gipfelbogen einer Parabel zu benutzen und diesen durch Tangenten mit dem Ursprung und dem Durchgangspunkt zu verbinden (vgl. **Abb. 2.16**). In [GAM12] wird der Verlauf des normierten Turbinenwirkungsgrades über der normierten Laufzahl in zwei Bereiche unterteilt und mit den beiden Funktionen

$$\eta_{T,norm} = 1 - \left(1 - \left(\frac{u}{c_0}\right)_{norm}\right)^b \tag{2.32}$$

$$\eta_{T,norm} = 1 - c \cdot \left(\left(\frac{u}{c_0}\right)_{norm} - 1\right)^2 \tag{2.33}$$

angenähert. Gleichung (2.32) wird für den Bereich $(u/c_0)_{norm} < 1$, Gleichung (2.33) für $(u/c_0)_{norm} > 1$ verwendet. Über die Formfaktoren *b* und *c* lassen sich die Verläufe entsprechend anpassen (siehe [SCH10]). In [BER02] wird ein halbempirisches Turboladermodell zur Kennfeldinterpolation und -extrapolation erstellt. Die dafür verwendeten Funktionen werden anhand physikalischer Zusammenhänge und turboladerspezifischen Modellkoeffizienten hergeleitet.

Um den Bereich der rechnerischen Extrapolation zu verkleinern und deren Genauigkeit zu erhöhen, stehen verschiedene experimentelle Methoden zur Verfügung. Die gebräuchlichste Methode zur erweiterten Vermessung der Turbine ist die Erhöhung oder Absenkung des Druckes am Verdichtereintritt, wodurch die Dichte und damit der Massenstrom durch den Verdichter beeinflusst werden [PUC97]. Die vom Verdichter aufgenommene Leistung ist nach Gleichung (2.5) dem Massenstrom proportional. Folglich kann mit dieser Methode die Verdichterleistung gesteigert oder verringert und die Turbine bei kleinerer oder höherer Laufzahl vermessen werden (**Abb. 2.17**).

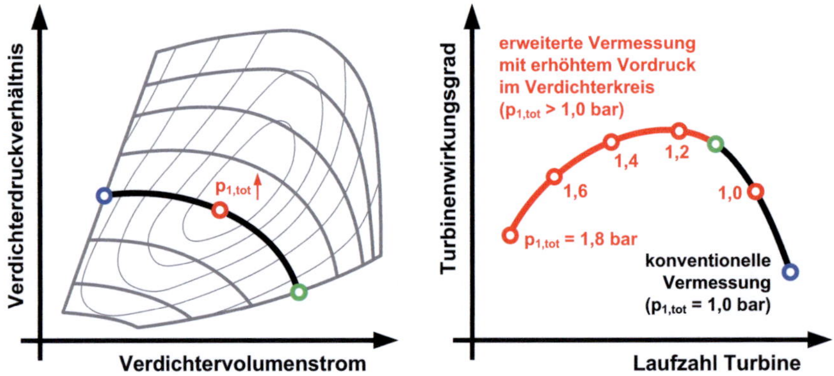

Abb. 2.17: Erweiterte Vermessung der Turbine durch Anhebung des Druckes am Verdichtereintritt

Ein anderer Ansatz zielt darauf ab, den Verdichter durch eine alternative, leistungsstärkere Belastungseinrichtung der Turbine zu ersetzen. Bei der in [SCR84] angewandten Methode wird die zu vermessende Turbine mit Verdichtern unterschiedlicher Baugröße kombiniert. In [WIN90] und [MCD98] wird an Stelle des Verdichters eine hydraulische, in [DAL86], [SZY07], [SMI08] und [SCH12] eine elektrische Belastungseinrichtung verbaut (**Abb. 2.18**). Der in [FIL06] vorgestellte Turboladerprüfstand verfügt über eine Wasserwirbelbremse als Belastungseinrichtung der Turbine.

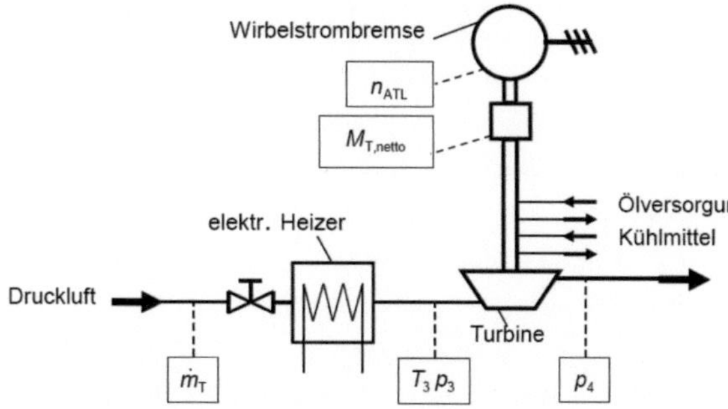

Abb. 2.18: Schematischer Prüfaufbau mit elektrischer Belastungseinrichtung der Turbine [UHL12]

Beim Verfahren zur Messung der Durchgangsdrehzahl bzw. des Durchgangspunktes wird die Turbine ohne Belastungseinrichtung betrieben [SCR84]. Das Verdichterrad wird durch eine schaufellose Scheibe ersetzt (siehe **Abb. 2.19**), deren aerodynamische Verlustleistung vernachlässigt wird. Die von der Turbine abgegebene Leistung entspricht damit der Reibleistung; ihr Gesamtwirkungsgrad (siehe Gleichung (2.24)) ist gleich Null. Der Durchgangspunkt liefert eine weitere Stützstelle im Turbinenkennfeld, der anstatt einer Extrapolation die Interpolation des Wirkungsgrades im Bereich hoher Laufzahl ermöglicht (**Abb. 2.16**) [SMI08].

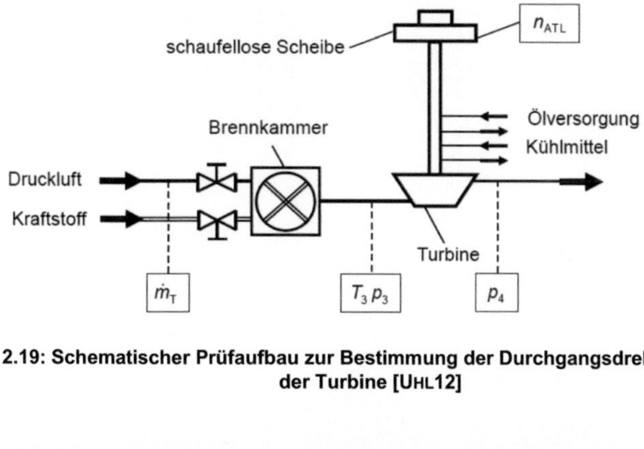

Abb. 2.19: Schematischer Prüfaufbau zur Bestimmung der Durchgangsdrehzahl der Turbine [UHL12]

Bei der in [LÜD12] vorgestellten semi-instationären Messmethode wird das Verdichterrad durch einen schaufellosen Rotationskörper hoher Massenträgheit ersetzt. Die höhere Belastung erfährt die Turbine durch die von ihr aufzubringende Leistung zur Beschleunigung des Laufzeuges (siehe Gleichung (2.2)). Da die Beschleunigung verhältnismäßig langsam erfolgt, wird von einem thermodynamisch quasi-stationären Betrieb ausgegangen. In [REU10] werden Untersuchungen durchgeführt, bei denen die Turbine pulsierend beaufschlagt und dadurch das Laufzeug periodisch beschleunigt und verzögert wird. Auch dieses Verfahren nutzt zur Erweiterung des Betriebsbereiches der Turbine die Beschleunigungsleistung. Obwohl die Auswertung der Messgrößen im Zeitfenster eines quasi-stationären Zustandes der Pulsation erfolgt, erfordert das Verfahren den Einsatz spezieller Messtechnik und Kompensationsverfahren, um die Messgrößen Druck, Temperatur, Massenstrom und Drehzahl zeitlich hochaufgelöst erfassen und einander zuordnen zu können.

In [FIL12] wird die Erweiterung des Turbinenkennfeldes durch Variation der Turbineneintrittstemperatur kombiniert mit der Korrektur des Wärmestromes in den Verdichter untersucht. Dem liegt die Überlegung zu Grunde, dass die Turbine bei gleicher Drehzahl, gleicher Leistung und niedrigerer Eintrittstemperatur mit einem höheren Druckverhältnis betrieben werden muss. Die in [VOG11] durchgeführten Messungen nutzen die Variation der Turbineneintrittstemperatur und des Druckes am Turbinenaustritt bei jeweils konstanter reduzierter Turbinendrehzahl. Die Anhebung des Gegendruckes verschiebt die Drehzahllinie in Richtung kleineren Druckverhältnisses. Die Erhöhung der Turbineneintrittstemperatur erweitert die Kennlinie hin zu höherem Druckverhältnis.

Generell ist festzustellen, dass die erweiterte gegenüber der konventionellen Vermessung der Turbine eines deutlich höheren Aufwandes bedarf. Abgesehen von den Verfahren, die auf der Variation der Randbedingungen ($p_{1,tot}$, $T_{3,tot}$, $p_{4,st}$) beruhen, bedingen alle anderen Methoden die Demontage des Turboladerlaufzeuges oder den Einsatz komplexer Messverfahren.

3 Zielstellung

Die Entwicklung eines abgasturboaufgeladenen Verbrennungsmotors setzt die Kenntnis der thermodynamischen Eigenschaften des Abgasturboladers voraus. Wichtiges Werkzeug ist hierbei die Kennfeldvermessung, die nicht nur die Betriebscharakteristik von Verdichter und Turbine beschreibt, sondern auch die für die Modellierung beider Strömungsmaschinen in der Motorprozesssimulation notwendigen Daten liefert. Bei der Verwendung der Ergebnisse der Kennfeldvermessung müssen jedoch zwei wesentliche Aspekte berücksichtigt werden:

- Die ermittelten Wirkungsgrade von Verdichter und Turbine basieren auf der Annahme einer adiabaten Zustandsänderung im Verdichter. Insbesondere bei niedriger Laderdrehzahl und geringem Massendurchsatz ist diese Annahme nicht angemessen und bedarf einer entsprechenden Korrektur.
- Mit der konventionellen Kennfeldvermessung kann nur ein kleiner Teil des Turbinenkennfeldes vermessen werden. Das thermodynamische Verhalten im Bereich kleiner Laufzahl, das beim Einsatz am Verbrennungsmotor relevant ist, muss durch rechnerische Extrapolation beschrieben werden.

Die vorliegende Arbeit hat die Entwicklung zweier experimenteller Verfahren zum Ziel, die als Ergänzung der herkömmlichen Kennfeldvermessung dienen und zum einen die Korrektur des Wärmestromes in den Verdichter, zum anderen die erweiterte Vermessung der Turbine ermöglichen. Die Verfahren sollen keinen bzw. nur geringen Mehraufwand bei der Vermessung verursachen, mit einem einfachen und kostengünstigen Versuchsaufbau realisierbar sein und ohne die Demontage des Turboladerlaufzeuges auskommen.

Der Lösungsansatz zur Bestimmung des adiabaten isentropen Verdichterwirkungsgrades beruht auf der Variation des Druckes am Verdichtereintritt und der Grenzwertbetrachtung des dabei ermittelten diabaten Wirkungsgrades. Der Bestimmung des Turbinenwirkungsgrades bei niedriger Laufzahl liegt die Approximation der Verläufe von Verdichter- und isentroper Turbinenleistung über der Turbinenumfangsgeschwindigkeit zu Grunde. Wesentliche Stützstellen hierfür liefern die thermodynamische Vermessung der Turbine und die Messung des Drehmomentes am Verdichterrad bei nicht-rotierendem Laufzeug.

Für die Entwicklung und Verifikation der Verfahren werden analytische, numerische und experimentelle Untersuchungen an Abgasturboladern unterschiedlicher Bauart und -größe sowie an einem aufgeladenen 4-Zylinder-Ottomotor angestellt.

Auf Grundlage der Arbeit soll künftig eine präzisere Beschreibung und Simulation des thermodynamischen Verhaltens von Abgasturboladern möglich sein.

4 Untersuchungsmethoden

4.1 Heißgasprüfstand

Den Ausgangspunkt der in dieser Arbeit entwickelten Verfahren stellt die herkömmliche Kennfeldvermessung von Abgasturboladern dar. Die Messungen wurden an einem Heißgasprüfstand des in [WES07] und [NAU08] beschriebenen Typs durchgeführt. Der Aufbau ist in **Abb. 4.1** schematisch dargestellt; die technischen Eckdaten sind in **Tab. 4.1** aufgeführt.

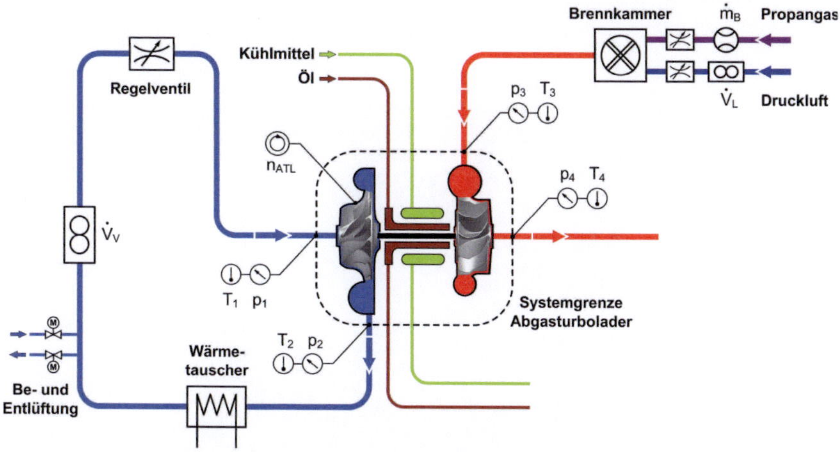

Abb. 4.1: Schematischer Aufbau Heißgasprüfstand

Als Heißgasgenerator dient eine zweistufige Brennkammer, die mit einem Propan-Luft-Gemisch betrieben wird. Über ein integriertes Mischsystem wird dem Abgas Druckluft zugeführt, wodurch eine große Temperatur- und Durchsatzspreizung des Heißgases realisierbar ist. Der Aufbau des Prüfstandes und die externe Druckluftversorgung gestatten zudem die Beaufschlagung der Turbine mit kalter Luft. Das Arbeitsgas wird über die Turbine auf Umgebungsdruck entspannt und in den Abgaskamin geleitet. Turbinen- und Verdichterkreis sind strömungstechnisch entkoppelt, d. h. die Massenströme durch beide Strömungsmaschinen können – im Rahmen des Leistungsgleichgewichtes am ATL-Laufzeug – unabhängig voneinander eingestellt werden. Der Verdichterkreis ist als geschlossener Kreislauf ausgeführt und bietet die Möglichkeit zur Anhebung oder Absenkung des Druckniveaus. Der vom Verdichter geförderte Volumenstrom wird in einem Luft-Wasser-Wärmetauscher gekühlt, mittels Regelventil gedrosselt und dem Verdichter wieder zugeführt. Die Pumpgrenze wird über die am Verdichtereintritt gemessene Temperatur bestimmt. Verdichterpumpen führt infolge der Strömungsablösung im Verdichterrad zu einem Rückströmen komprimierter Luft in Richtung Verdichtereintritt. Die rückströmende erwärmte Luft verursacht in der Messebene vor Verdichter einen Temperaturanstieg, der die Detektion der Pumpgrenze ermöglicht.

Die Versorgung des Abgasturboladers mit Öl und ggf. Kühlmittel erfolgt über eine Konditioniereinrichtung, die beide Medien auf definierte Eintrittsbedingungen reguliert.

Tab. 4.1: Technische Daten des Heißgasprüfstandes

Turbinenkreis	**Brennerleistung**	5…200 kW
	Massenstrom	0,01…0,25 kg/s
	Temperatur	25 °C; 150…1200 °C
	max. Druck	5 bar (rel.)
Verdichterkreis	**Massenstrom**	0,01…0,8 kg/s
	Temperatur	T_1 20…35 °C T_2 max. 250 °C
	max. Druck	5 bar (rel.)
Öl	**Temperatur**	50…150 °C
	max. Druck	6 bar (rel.)
	Volumenstrom	1…10 l/min
Kühlmittel	**Temperatur**	50…100 °C
	Volumenstrom	3…30 l/min

Die thermodynamische Berechnung erfolgt nach den in **Tab. 2.1** aufgeführten Gleichungen. Hierfür werden der Verdichtervolumenstrom, der Turbinenmassenstrom, die Turboladerdrehzahl sowie die Drücke und Temperaturen an der Systemgrenze des Abgasturboladers gemessen (siehe **Abb. 4.1**).

Die experimentellen Untersuchungen wurden an Abgasturboladern unterschiedlicher Bauart und -größe durchgeführt, die für den Einsatz an Pkw-Motoren ausgelegt sind. Wesentliche konstruktive Merkmale der Turbolader sind in **Tab. 4.2** zusammengefasst. Alle untersuchten Abgasturbolader verfügen über eine hydrodynamische Lagerung des Laufzeuges.

Tab. 4.2: Konstruktive Merkmale der untersuchten Abgasturbolader

Abgasturbolader	#1	#2	#3	#4	#5	#6
Variabilität der Turbine	Waste-gate	Waste-gate	Waste-gate	Leit-schaufel	Leit-schaufel	Axial-Schieber
Turbinengehäuse	einflutig	einflutig	zweiflutig	einflutig	einflutig	einflutig
Turbine	radial	mixed-flow	radial	radial	radial	radial
Turbinenrad-Ø [mm]	31	37	47	40	48	46
Verdichterrad-Ø [mm]	33	51	56	46	58	52
Kühlung Lagergehäuse	nein	ja	ja	nein	ja	ja

4.2 Hochdynamischer Motorenprüfstand

Um die Auswirkung der in dieser Arbeit entwickelten Verfahren auf die Abbildung des thermodynamischen Verhaltens eines Abgasturboladers als Randbedingung der Motorprozessrechnung zu untersuchen, wurde ein entsprechendes Simulationsmodell erstellt. Die zur Modellerstellung und -validierung erforderlichen Messdaten wurden an einem hochdynamischen Motorenprüfstand ermittelt. Als Versuchsträger diente ein einstufig turboaufgeladener 4-Zylinder-Ottomotor mit Direkteinspritzung und verstellbarer Auslass- und Einlassnockenwelle. Wichtige technische Daten des Versuchsmotors sind in **Tab. 4.3** zusammengefasst.

Tab. 4.3: Technische Daten des Versuchsmotors

Bauart / Zylinder	Reihe / 4
Brennverfahren	Otto-DI, homogen
Hub / Bohrung / Hubraum	92 mm / 83 mm / 1991 cm³
Verdichtung	9,8
Ventiltrieb	DOHC, 4 Ventile pro Zylinder Ein- und Auslassphasensteller Verstellbereich: je 40 °KW
Aufladesystem	Abgasturbolader mit Wastegate
max. eff. Leistung	155 kW
max. eff. Drehmoment	350 Nm
max. eff. Mitteldruck	22 bar

Als Aufladesystem wurde der an dem Motor serienmäßig verbaute Abgasturbolader mit Wastegate verwendet (ATL #2, siehe **Tab. 4.2**). Der in Integralbauweise mit dem Turbinengehäuse verschweißte Abgaskrümmer war als luftspaltisolierter Zündfolgekrümmer ausgeführt.

Die Vermessung am Motorenprüfstand erfolgte im Drehzahlbereich zwischen 1000 und 6000 min^{-1} im Lastbereich zwischen Schub und Volllast. Neben den allgemein üblichen Prüfstandsmessgrößen[9] wurden auch aus dem Motorsteuergerät ausgelesene Motorgrößen[10] aufgezeichnet und der Druck in allen vier Zylindern, im Saugrohr, vor Turbine sowie vor Einlass- und nach Auslasskanal von Zylinder 4 kurbelwinkelbasiert erfasst. Reproduzierbare Versuchsbedingungen wurden über die Regelung der Ansaugluft-, Saugrohrluft-, Kraftstoff-, Kühlmittel-, Motoröl- und Getriebeöltemperatur sichergestellt.

4.3 Numerische Simulation

4.3.1 Motorprozessrechnung

Die numerische Motorprozessrechnung zählt im Entwicklungsprozess von Verbrennungsmotoren zum technischen Standard. Um den Benefit der in dieser Arbeit entwickelten Verfahren für die Motorsimulation aufzuzeigen, wurde mit dem Programmsystem GT-SUITE (Version 7.3.0 Build 1) der Firma Gamma Technologies Inc. ein Simulationsmodell des in Kapitel 4.2 beschriebenen Verbrennungsmotors erstellt.

GT-SUITE ist objektorientiert aufgebaut, d. h. es enthält Bibliotheken mit vorgefertigten Funktionsblöcken, die entsprechend zu bedaten sind. Die Berechnung des Ladungswechsels basiert auf den Erhaltungsgleichungen für Masse, Impuls und Energie der eindimensionalen Gasdynamik, mit denen der Zustand in Abhängigkeit von Zeit und Ort entlang einer Dimension berechnet wird. Die Rohrleitungen des Luft- und Abgaspfades werden dazu gemäß ihrer geometrischen Abmessung modelliert und entlang der Hauptströmungsrichtung in definierte Volumina diskretisiert. In das Programmsystem sind außerdem spezielle Berechnungsalgorithmen implementiert, mit denen beispielsweise Vorgänge der Verbrennung oder des Wärmetransportes nachgebildet werden können. Zur Berechnung der ottomotorischen Verbrennung wurde in dieser Arbeit das in der GT-POWER-Bibliothek enthaltene phänomenologische Mehr-Zonen-Modell SI TURBULENT FLAME COMBUSTION verwendet. Es handelt sich hierbei um ein quasidimensionales Modell, das den Brennraum in eine Zone unverbrannten Gemisches, eine Zone verbrannten Gemisches und die dazwischen liegende turbulente Flammenfront unterteilt. Das Modell erfordert demzufolge eine de-

[9] Motordrehzahl und -drehmoment; Kraftstoff- und Luftmassenstrom; ATL-Drehzahl; Drücke und Temperaturen im Luftpfad, Abgasleitungssystem, Öl- und Kühlkreislauf

[10] u. a. Zündzeitpunkt, Nockenwellen-, Drosselklappen- und Wastegate-Stellung

taillierte Abbildung der Brennraumgeometrie. Die thermodynamische Abstimmung erfolgte im Wesentlichen über drei Parameter, die jeweils den Zündverzug, die Schwerpunktlage und die Brenndauer des Brennverlaufes beeinflussen. Eine detaillierte Beschreibung dieses Verbrennungsmodells ist in [GAM12], [MER09] und [HEY88] zu finden. Für die Berechnung der Wandwärmeverluste im Zylinder wurde ein Modell gewählt, das Phänomene der Zylinderinnenströmung[11] berücksichtigt und daraus eine effektive Strömungsgeschwindigkeit ermittelt, die schließlich in die Berechnung des Wärmeübergangskoeffizienten eingeht [GAM12].

Der Versuchsmotor wird im unteren Drehzahlbereich mit ausgeprägter Ventilüberschneidung betrieben. Der daraus resultierende Spülluftanteil im Abgas führt aufgrund der Messung des Verbrennungsluftverhältnisses nach Turbine zu einer Anfettung der Zylinderladung. Dies hat eine Nachoxidation des unverbrannten Kraftstoffes im Abgaskrümmer und eine höhere Abgastemperatur zur Folge. Um diese Nachreaktion abzubilden, wird im Simulationsmodell das Objekt BURNER verwendet.

Die Abbildung des Abgasturboladers erfolgt über die am Heißgasprüfstand gemessenen Kennfelder von Verdichter und Turbine. Zudem wurden die Volumina von Verdichter- und Turbinengehäuse als Rohrleitungen berücksichtigt ([GUH12], [PIS12]).

4.3.2 Dreidimensionale Strömungsberechnung

Die dreidimensionale Strömungsberechnung einer Strömungsmaschine bietet den Vorteil, deren Betriebscharakteristik unter exakt definierten, idealen Bedingungen zu simulieren. Damit eignet sich diese Methode, um theoretische Zusammenhänge zu analysieren und die den experimentellen Verfahren zu Grunde gelegten thermodynamische Ansätze zu verifizieren.

Im Rahmen der Motorprozessrechnung wird die Thermodynamik des Verdichters und der Turbine nicht explizit berechnet, sondern über die Kennfelddaten als Randbedingung vorgegeben. Im Gegensatz dazu wird bei der dreidimensionalen CFD-Simulation einer Strömungsmaschine deren gesamtes durchströmtes Volumen abgebildet mit dem Ziel, das thermodynamische Verhalten zu simulieren und Strömungsvorgänge zu visualisieren. Voraussetzung sind entsprechende CAD-Daten, die in ein CFD-Modell überführt werden. Dabei wird das Strömungsgebiet in finite Teilvolumina diskretisiert und durch ein gekoppeltes, partielles Differentialgleichungssystem (REYNOLDSgemittelte NAVIER-STOKES-Gleichungen) beschrieben, das auf den Erhaltungssätzen von Masse, Impuls und Energie einer dreidimensionalen Strömung beruht. Über die numerische Lösung des Gleichungssystems lässt sich der Zustand des Fluides örtlich und zeitlich aufgelöst beschreiben.

[11] Drall, Tumble, Turbulenz

In dieser Arbeit wurden CFD-Berechnungen an einem Verdichter und an einer Turbine durchgeführt. Als Simulationsumgebung wurde das Softwarepaket ANSYS CFX 13.0 verwendet. Mit der rechnerischen Untersuchung der Turbine sollten qualitative Zusammenhänge zwischen Umfangsgeschwindigkeit, Massenstrom, Drehmoment und isentroper Turbinenleistung bei konstantem Druckverhältnis dargestellt werden. Die Simulation des Verdichters diente der Verifikation des Verfahrens zur Bestimmung des adiabaten Wirkungsgrades.

Das Verdichtermodell bildet den Verdichter des Abgasturboladers #4 (siehe **Tab. 4.2**) ab und entspricht dem in [ZEL13] vorgestellten Modell. Der rotierende Bereich umfasst das Verdichterrad, der stehende Bereich den Vorlauf, die Volute, den Nachlauf und ein Volumen zur Drosselung (**Abb. 4.2**).

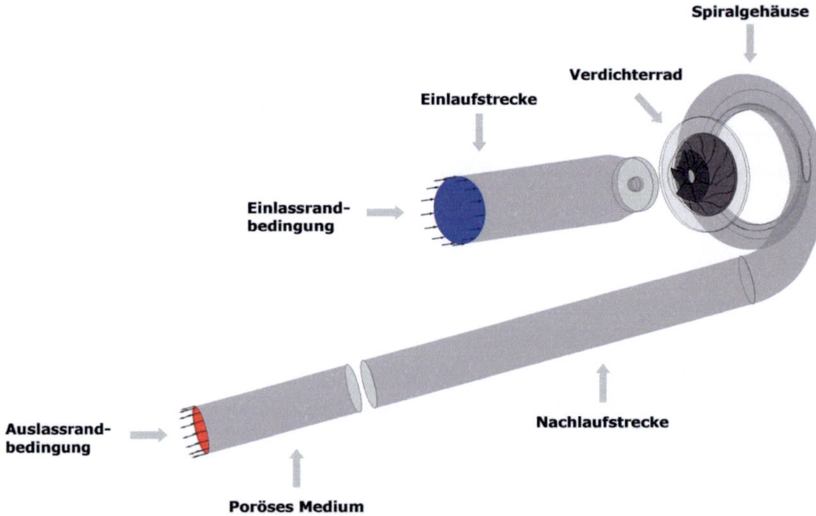

Abb. 4.2: Aufbau CFD-Modell Verdichter [ZEL13]

Eine Besonderheit des Modells stellt die in [ZEL13] beschriebene Androsselung des Verdichters über ein poröses Medium nach Verdichteraustritt dar. Der Kerngedanke liegt in einer Entkopplung der Drosselung des Systems von experimentell ermittelten Werten für den Druck nach Verdichter bzw. den Massenstrom [ZEL13], die sonst als Randbedingung der Simulation erforderlich sind. Mit Hilfe eines Verlustkoeffizienten lässt sich der Druckabfall über das Medium gezielt verändern und damit der Volumenstrom und das Druckverhältnis des Verdichters einstellen. Der entscheidende Vorteil besteht darin, dass alle Betriebspunkte mit ein und demselben Simulationsmodell berechnet werden können. Erfolgte die Modellierung der Drosselung über eine Querschnittsverengung nach Verdichter, wären dafür unterschiedliche Rechennetze notwendig. Angaben zur Vernetzung des CFD-Modells sind **Tab. 4.4** zu entnehmen.

Tab. 4.4: Angaben zum Berechnungsgitter CFD-Modell Verdichter

Bereich	rotierend	stehend				Gesamt
Rechengebiet (Domain)	Verdichterrad (Rotor)	Vorlauf	Volute	Nachlauf	poröses Medium	
Elementtyp	Hexaeder, Tetraeder	Hexaeder	Hexaeder, Tetraeder	Hexaeder	Hexaeder	
Elementanzahl	3.199.861	390.336	1.031.494	277.333	69.615	4.968.639
Knotenanzahl	852.867	399.975	292.247	82.726	72.592	1.700.407

An den Schnittstellen zwischen stehendem und rotierendem Bereich wird der Frozen-Rotor-Ansatz verwendet. Hierbei wird die Rotation des Verdichterrades über das mitbewegte Koordinatensystem berücksichtigt, wobei die relative Position von Rad und Gehäuse unverändert bleibt [Ans10]. Die Wände werden als adiabat und reibungsfrei betrachtet. Als Randbedingungen der Simulation werden neben dem o. g. Verlustkoeffizienten der (Referenz)Druck am Einlass und Auslass, die Temperatur am Einlass sowie die Verdichterdrehzahl vorgegeben.

Als Grundlage der Modellerstellung der Turbine diente das CAD-Modell einer Turbine mit verstellbaren Leitschaufeln und einem Raddurchmesser von 42 mm. Das CFD-Modell ist in einen rotierenden Bereich (Turbinenrad) und einen stehenden Bereich (Volute und Nachlauf) unterteilt. Für die Modellierung der Rotor- und Nachlaufströmung wird ein strukturiertes Hexaeder-Gitter verwendet. Die Volute ist mit einem unstrukturierten Netz bestehend aus Tetraeder- und Hexaeder-Elementen abgebildet (**Tab. 4.5**).

Tab. 4.5: Angaben zum Berechnungsgitter CFD-Modell Turbine

Bereich	rotierend	stehend		Gesamt
Rechengebiet (Domain)	Turbinenrad (Rotor)	Volute (inkl. Vorlauf)	Nachlauf	
Elementtyp	Hexaeder	Hexaeder, Tetraeder	Hexaeder	
Elementanzahl	286.300	808.518	444.367	1.539.185
Knotenanzahl	330.450	416.074	455.276	1.201.800

Die Simulation erfolgt auf Basis eines Frozen-Rotor-Modells, SST-Turbulenzmodellierung sowie adiabater und reibungsfreier Modellgrenzen. Als Randbedingungen der Simulation werden der Massenstrom und die Temperatur am Turbineneintritt, der Druck am Turbinenaustritt sowie die Turbinendrehzahl vorgegeben.

5 Ergebnisse

5.1 Bestimmung des adiabaten Verdichterwirkungsgrades

5.1.1 Thermodynamischer Ansatz

Der isentrope Verdichterwirkungsgrad ist als Verhältnis von isentroper zu polytroper Enthalpiedifferenz definiert (Gleichung (2.12)). Für die spezifische Enthalpie eines idealen Gases gilt:

$$dh = c_p \cdot dT \tag{4.1}$$

Unter der Annahme einer konstanten spezifischen Wärmekapazität c_p kann damit der isentrope Verdichterwirkungsgrad $\eta_{V,is}$ experimentell über die Differenz aus gemessener Eintrittstemperatur T_1 und Austrittstemperatur T_2 bestimmt werden:

$$\eta_{V,is} = \frac{T_{2is} - T_1}{T_2 - T_1} \tag{4.2}$$

Er beinhaltet demzufolge neben der durch die Verdichtung auch die vom Wärmestrom in den Verdichter verursachte Temperaturerhöhung. Es handelt sich also um den diabaten isentropen Wirkungsgrad $\eta_{V,dia}$ (vgl. Kapitel 2.2.3), der in Anlehnung an Gleichung (2.28) ausgedrückt werden kann als:

$$\eta_{V,dia} = \frac{\Delta \dot{H}_{is}}{\Delta \dot{H}} = \frac{\Delta \dot{H}_{is}}{P_V + \dot{Q}} \tag{4.3}$$

Finden alle diabaten Effekte im Wärmestrom $\dot{Q}$ Berücksichtigung, dann entspricht die Verdichterleistung P_V der adiabaten Enthalpiestromdifferenz $\Delta \dot{H}_{V,adi}$. Soll aus dem experimentell bestimmten diabaten Verdichterwirkungsgrad der adiabate Wirkungsgrad ermittelt werden, so muss entweder die adiabate Enthalpiestromdifferenz oder der Wärmestrom bekannt sein. Die Separierung der Enthalpiestromdifferenz $\Delta \dot{H}$ in Antriebsleistung P_V und Wärmestrom $\dot{Q}$ ist nicht ohne weiteres realisierbar, weshalb die Bestimmung des adiabaten isentropen Wirkungsgrades $\eta_{V,adi}$ durch Subtraktion des Wärmestromes nach Gleichung (4.4) nicht unmittelbar möglich ist.

$$\eta_{V,adi} = \frac{\Delta \dot{H}_{is}}{\Delta \dot{H} - \dot{Q}} \tag{4.4}$$

Ein Lösungsansatz besteht nach Gleichung (4.3) darin, den Anteil des Wärmestromes $\dot{Q}$ an der Enthalpiestromdifferenz $\Delta \dot{H}$ zu minimieren, indem die Enthalpiestromdifferenz $\Delta \dot{H}$ bzw. die Verdichterleistung P_V signifikant gesteigert wird, während der Wärmestrom $\dot{Q}$ konstant bleibt oder sich verhältnismäßig nur geringfügig erhöht. Diese Überlegung beruht darauf, dass der Wärmeübergang zwischen dem Verdichtergehäuse und der den Verdichter durchströmenden Luft von deren Temperatur, der

Temperatur und der Fläche der inneren Gehäusewand sowie dem Wärmeübergangskoeffizienten abhängig ist. Wird die Steigerung der Verdichterleistung über die Erhöhung des Verdichtermassenstromes bei konstanter spezifischer Enthalpiedifferenz (gleicher Verdichterbetriebspunkt) realisiert (Gleichung (4.5)), so führt dies zwar auch zu einer Erhöhung des Wärmeübergangskoeffizienten, allerdings besteht hierbei kein linearer, sondern ein exponentieller Zusammenhang mit degressivem Gradienten. Infolgedessen fällt der Anstieg des Wärmestromes in den Verdichter im Verhältnis geringer aus als der Anstieg des Massenstromes und damit der Verdichterleistung.

Wie in Kapitel 2.1.2 dargelegt, ist die Verdichterleistung P_V dem Verdichtermassenstrom $\dot{m}_V$ proportional:

$$P_V = \dot{m}_V \cdot \Delta h_V \tag{4.5}$$

Aus den Gleichungen (4.3) und (4.5) folgt allgemein, dass der Einfluss des Wärmestromes auf den diabaten Wirkungsgrad und somit der diabate Wirkungsgrad selbst vom Massenstrom abhängig sind (Gleichung (4.6)), was sich mit den Aussagen bzw. Ergebnissen zahlreicher Veröffentlichungen deckt (u. a. [MAL89], [SHA06], [CAS09], [SIR11], [FIL12], [UHL12], [GRI13]).

$$\eta_{V,dia} = \frac{\dot{m}_V \cdot \Delta h_{V,is}}{\dot{m}_V \cdot \Delta h_{V,adi} + \dot{Q}} \tag{4.6}$$

Für die Betrachtung ein und desselben aerodynamischen Verdichterbetriebspunktes (u_V, π_V, $\dot{V}_V = \text{konst.}$) bedeutet dies (bei konstantem Wärmestrom): Je höher der Massenstrom ist, umso geringer wirkt sich der Wärmestrom auf das Messergebnis des diabaten Verdichterwirkungsgrades aus. Die Grenzwertbetrachtung der Gleichung (4.6) hat zum Ergebnis, dass im theoretischen Fall eines unendlich großen Massenstromes der diabate Wirkungsgrad dem adiabaten Wirkungsgrad entspricht:

$$\lim_{\dot{m}_V \to \infty} = \left(\frac{\dot{m}_V \cdot \Delta h_{V,is}}{\dot{m}_V \cdot \Delta h_{V,adi} + \dot{Q}} \right) = \lim_{\dot{m}_V \to \infty} \left(\frac{\Delta h_{V,is}}{\Delta h_{V,adi} + \frac{\dot{Q}}{\dot{m}_V}} \right) = \frac{\Delta h_{V,is}}{\Delta h_{V,adi}} = \eta_{V,adi} \tag{4.7}$$

Ähnliche Überlegungen werden in [MAL89] für die Turbine angestellt und führen zum selben Ergebnis für den diabaten und adiabaten Turbinenwirkungsgrad.

Das in dieser Arbeit entwickelte Verfahren macht sich – wie auch die Untersuchungen in [GRI13] – diese Erkenntnis (Gleichung (4.7)) für den Verdichter zu Nutze, indem der Druck am Verdichtereintritt p_1 und damit, nach der allgemeinen Zustandsgleichung des idealen Gases (Gleichung (4.8)), der Verdichtermassenstrom $\dot{m}_V$ variiert wird:

$$\dot{m}_V = \frac{p_1 \cdot \dot{V}_1}{R_1 \cdot T_1} \tag{4.8}$$

Der Betriebspunkt des Verdichters bleibt dabei unverändert (u_V , π_V, $\dot{V}_V = \text{konst.}$). Die Variation des Druckes p_1 erfolgt in i Schritten. Bei jedem Druck $p_{1,i}$ wird der diabate Wirkungsgrad $\eta_{V,dia,i}$ bestimmt (**Abb. 5.1**).

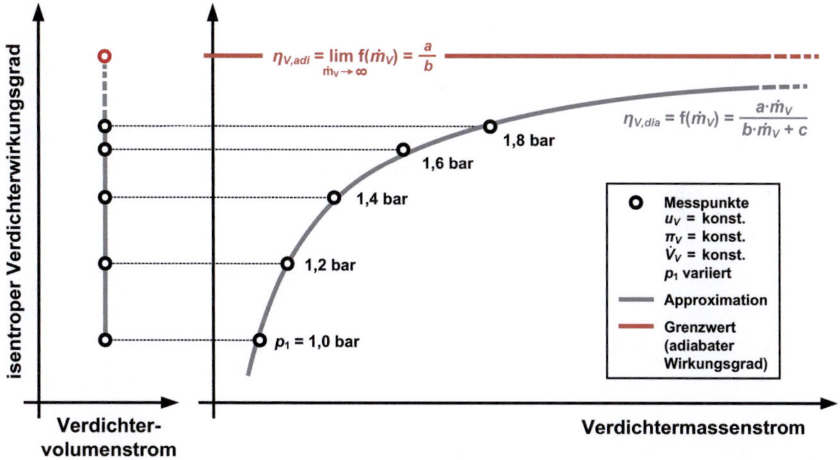

Abb. 5.1: Variation des Druckes am Verdichtereintritt zur Bestimmung des adiabaten Verdichterwirkungsgrades

Die gemessenen Wertepaare ($\dot{m}_{V,i}$, $\eta_{V,dia,i}$) werden mit der Ansatzfunktion

$$y = f(x) = \frac{a \cdot x}{b \cdot x + c} \tag{4.9}$$

approximiert. Die Koeffizienten a, b und c werden mittels der Methode der kleinsten Fehlerquadrate berechnet. In dieser Arbeit wurde hierfür der LEVENBERG-MARQUARDT-Algorithmus verwendet ([NAT11]). Aus der Grenzwertbetrachtung der Approximationsfunktion (Gleichung (4.9)) folgt:

$$\lim_{x \to \infty} f(x) = \lim_{x \to \infty} \left(\frac{a \cdot x}{b \cdot x + c} \right) = \lim_{x \to \infty} \left(\frac{a}{b + \frac{c}{x}} \right) = \frac{a}{b} = \eta_{V,adi} \tag{4.10}$$

Alternativ lassen sich die Messwerte auch mit der folgenden Funktion annähern:

$$y = f(x) = \frac{a \cdot x}{b + x} \tag{4.11}$$

Als Grenzwert der Gleichung (4.11) ergibt sich:

$$\lim_{x\to\infty} f(x) = \lim_{x\to\infty}\left(\frac{a\cdot x}{b+c}\right) = \lim_{x\to\infty}\left(\frac{a}{\frac{b}{x}+1}\right) = a = \eta_{V,adi} \tag{4.12}$$

Der Vorteil besteht darin, dass lediglich zwei anstatt drei Koeffizienten bestimmt werden müssen. Beide Ansatzfunktionen (Gleichung (4.9) und (4.11)) führen praktisch zum gleichen Ergebnis. Sie besitzen auch für Betriebspunkte Gültigkeit, in denen kein Wärme**ein**trag, sondern ein Wärme**aus**trag aus dem Verdichter erfolgt, was beispielsweise bei hoher Verdichteraustrittstemperatur der Fall ist. Die Wertepaare ($\dot{m}_{V,i}$, $\eta_{V,dia,i}$) beschreiben dann nicht – wie in **Abb. 5.1** dargestellt – einen steigenden, sondern einen fallenden Kurvenverlauf. Bei der Approximation kommt dies in der Vorzeichenumkehr des Koeffizienten *c* bzw. *b* zum Ausdruck, ohne dass es einer gesonderten Beachtung bedarf.

Wird die in **Abb. 5.1** dargestellte Vordruckvariation in mehreren Betriebspunkten entlang einer Drehzahllinie durchgeführt, so lässt sich darüber der Verlauf des adiabaten Verdichterwirkungsgrades über dem Volumenstrom ermitteln (**Abb. 5.2**).

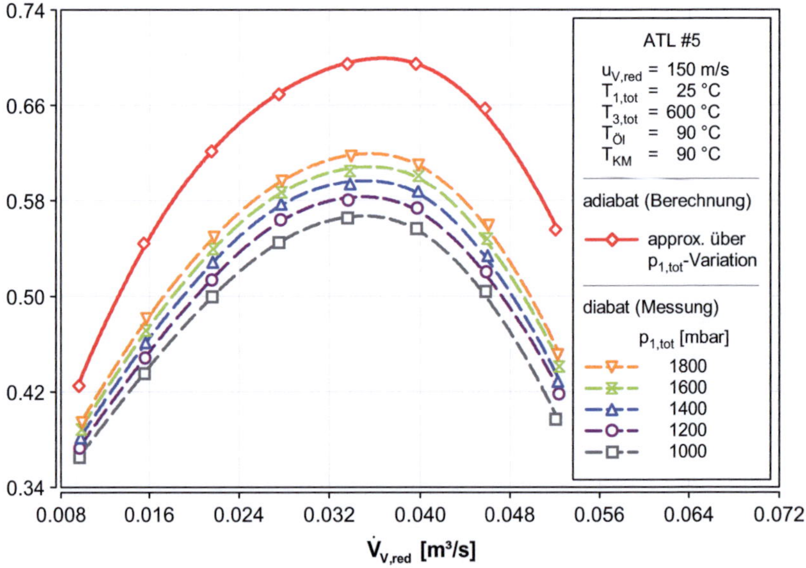

Abb. 5.2: Vordruckvariation in mehreren Betriebspunkten einer Drehzahllinie

Der Abstand zwischen den Kennlinien gleichen Vordruckes lässt die Abhängigkeit des diabaten Wirkungsgrades vom Druck am Verdichtereintritt erkennen (vgl. Gleichung (4.6)). Wird in einem Betriebspunkt des Verdichters der Vordruck und damit der Massenstrom erhöht, so bewirkt der Wärmestrom in den Verdichter eine geringere Temperaturerhöhung des Luftmassenstromes. Am Verdichteraustritt stellt sich eine niedrigere Temperatur ein, woraus nach Gleichung (4.2) ein höherer Wirkungsgrad berechnet wird. Zudem ist in **Abb. 5.2** der signifikante Unterschied zwischen dem bei der konventionellen Kennfeldvermessung ($p_{1,tot} = 1000$ mbar) bestimmten diabaten und dem über die Vordruckvariation ermittelten adiabaten Verdichterwirkungsgrad ersichtlich.

Die Grenzwertbetrachtung der Gleichung (4.6) basiert auf der Annahme, dass der in den Verdichter einfließende Wärmestrom für ein und denselben Betriebspunkt konstant bzw. unabhängig vom Massenstrom ist. Tatsächlich ist dies jedoch nicht der Fall. Die Erhöhung des Verdichtermassenstromes und der Verdichterleistung zieht eine Steigerung der Turbinenleistung nach sich, die am Heißgasprüfstand bei gleich bleibender Turbineneintrittstemperatur über eine Anhebung des Turbinenmassenstromes und -eintrittsdruckes realisiert wird. Infolge des höheren Druckniveaus sowohl in der Turbine als auch im Verdichter ist eine Steigerung des Wärmeüberganges vom Fluid zum Festkörper zu erwarten, was zu einer Erhöhung des Wärmestromes in den Verdichter führt. Die Bestimmung des Grenzwertes von Gleichung (4.6) bei $\dot{Q} \neq$ konst. macht deshalb die Abschätzung des funktionellen Zusammenhanges zwischen Verdichtermassenstrom und Verdichterwärmestrom erforderlich. **Abb. 5.3** zeigt das hierfür zu Grunde gelegte vereinfachte Schnittmodell eines Abgasturboladers.

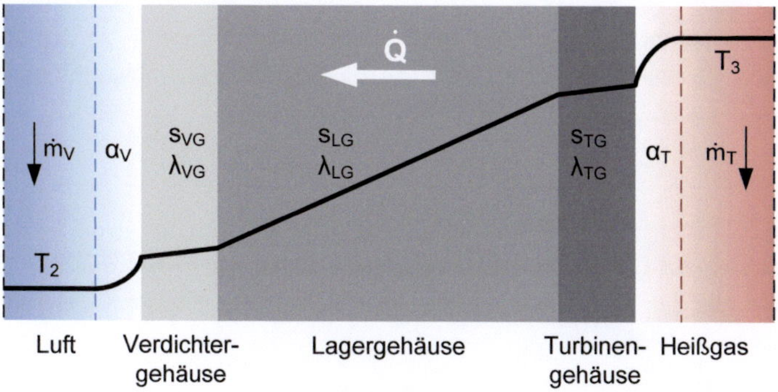

Abb. 5.3: Modell zum Wärmedurchgang zwischen Turbine und Verdichter

Betrachtet wird ein konstanter Betriebspunkt des Verdichters (u_V , π_V, $\dot{V}_V =$ konst.). Der von der Turbine in den Verdichter fließende Wärmestrom $\dot{Q}$ ist proportional der Temperaturdifferenz zwischen heißer und kalter Seite und berechnet sich zu

$$\dot{Q} = k \cdot A \cdot (T_3 - T_2) \qquad (4.13)$$

wobei sich der Wärmedurchgangskoeffizient k zusammensetzt aus:

$$k = \frac{1}{\frac{1}{\alpha_V} + \frac{s_{VG}}{\lambda_{VG}} + \frac{s_{LG}}{\lambda_{LG}} + \frac{s_{TG}}{\lambda_{TG}} + \frac{1}{\alpha_T}} \quad (4.14)$$

Die Fläche A, die Temperaturen T_3 und T_2, die Wandstärken s_{VG}, s_{LG}, s_{TG} sowie die Wärmeleitkoeffizienten λ_{VG}, λ_{TG} werden als unabhängig vom Massenstrom angenommen und in Konstanten $K_i \neq f(\dot{m}_V)$ zusammengefasst.

$$K_1 = A \cdot (T_3 - T_2) \quad (4.15)$$

$$K_2 = \frac{s_{VG}}{\lambda_{VG}} + \frac{s_{LG}}{\lambda_{LG}} + \frac{s_{TG}}{\lambda_{TG}} \quad (4.16)$$

Die Berechnung der Wärmeübergangskoeffizienten α_V und α_T geht auf die Umformung der Definitionsgleichung der NUßELT-Zahl (4.17) und der NUßELT-Gleichung für den Fall erzwungener Konvektion (4.18) zurück:

$$Nu = \frac{\alpha \cdot L}{\lambda} \quad (4.17)$$

$$Nu = C \cdot Re^r \cdot Pr^q \quad (4.18)$$

Aus den Gleichungen (4.17) und (4.18) folgt:

$$\alpha = C \cdot Re^r \cdot Pr^q \cdot \frac{\lambda}{L} \quad (4.19)$$

Die REYNOLDS-Zahl Re beschreibt das Verhältnis der Trägheits- zu den Reibungskräften einer Strömung und damit im Wesentlichen die Strömungsform (laminar / turbulent). Sie berechnet sich zu:

$$Re = \frac{v \cdot L}{\nu} = \frac{v \cdot L \cdot \rho}{\eta} = \frac{v \cdot L}{\eta} \cdot \frac{\dot{m}}{\dot{V}} \quad (4.20)$$

Im Gegensatz zur REYNOLDS-Zahl handelt es sich bei der PRANDTL-Zahl Pr um eine Stoffgröße, die das Verhältnis zwischen kinematischer Viskosität ν und Temperaturleitfähigkeit a darstellt:

$$Pr = \frac{\nu}{a} = \frac{\eta \cdot c_p}{\lambda} \quad (4.21)$$

Aus dem Einsetzen der Gleichungen (4.20) und (4.21) in Gleichung (4.19) folgt nach entsprechender Umformung:

$$\alpha = C \cdot \left(\frac{v}{\dot{V}}\right)^r \cdot L^{r-1} \cdot \eta^{q-r} \cdot \lambda^{1-q} \cdot c_p{}^q \cdot \dot{m}^r \quad (4.22)$$

Von den in Gleichung (4.22) enthaltenen Größen sind die dynamische Viskosität η, die Wärmeleitfähigkeit λ und die spezifische Wärmekapazität c_p vom Druck und – bei konstantem Volumenstrom – folglich vom Massenstrom abhängig (**Abb. 5.4**).

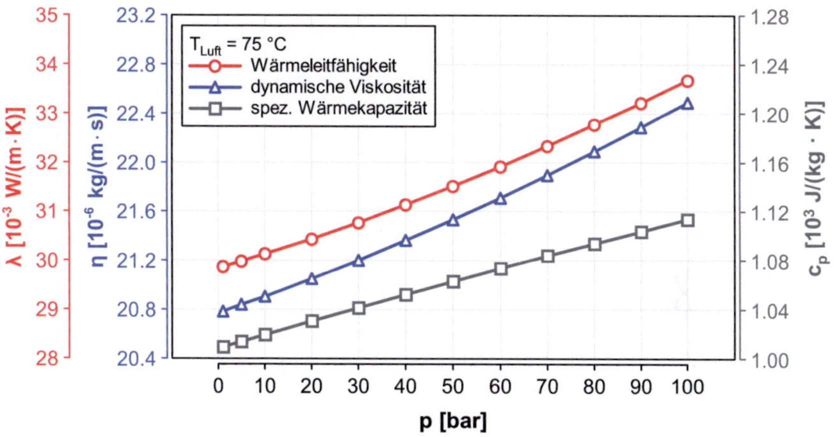

Abb. 5.4: Stoffgrößen von Luft bei 75 °C in Abhängigkeit des Druckes nach [VDI06]

Eine überschlägige Berechnung zeigt jedoch, dass diese Abhängigkeit praktisch unerheblich ist: Die Exponenten r und q werden hierfür nach [VDI06] mit 0,8 und 0,4 angenommen. Bei einer Drucksteigerung von 1 auf 100 bar erhöht sich der Wert des Terms der Stoffgrößen ($\eta^{q-r} \cdot \lambda^{1-q} \cdot c_p^{\,q}$) in Gleichung (4.22) lediglich um ca. 8 %, wohingegen sich der Wert des Terms ($\dot{m}^r$) um mehr als 3800 % erhöht. Der Einfluss der Druckabhängigkeit der Stoffgrößen η, λ und c_p ist also für den hier betrachteten Fall vernachlässigbar.

Werden der Term ($\eta^{q-r} \cdot \lambda^{1-q} \cdot c_p^{\,q}$) und alle weiteren vom Massenstrom unabhängigen Größen in Gleichung (4.22) zu einer Konstante $K \neq f\left(\dot{m}_V\right)$ zusammengefasst, so gilt für den Wärmeübergangskoeffizienten:

$$\alpha = f(\dot{m}) = K \cdot \dot{m}^r \tag{4.23}$$

Ein linearer Zusammenhang zwischen Verdichter- und Turbinenmassenstrom vorausgesetzt, gilt für den Wärmestrom:

$$\dot{Q} = f(\dot{m}_V) = \frac{K_1}{\dfrac{1}{K_3 \cdot \dot{m}_V^{\,r}} + K_2 + \dfrac{1}{K_4 \cdot \dot{m}_V^{\,r}}} \tag{4.24}$$

Findet auch die Wärmeabfuhr über Öl und ggf. Kühlmittel in $\dot{Q}_K$ Berücksichtigung, so ergibt sich aus den Gleichungen (4.6) und (4.24):

$$\eta_{V,dia} = \frac{\dot{m}_V \cdot \Delta h_{V,is}}{\dot{m}_V \cdot \Delta h_{V,adi} + \left(\frac{K_1}{\frac{1}{K_3 \cdot \dot{m}_V^{\,r}} + K_2 + \frac{1}{K_4 \cdot \dot{m}_V^{\,r}}} - \dot{Q}_K \right)} \tag{4.25}$$

Durch Umformung und Anwendung der Regel von DE L'HOSPITAL lässt sich der Grenzwert der Gleichung (4.25) für $\dot{m}_V \to \infty$ bestimmen, der dem Grenzwert der Gleichung (4.6) entspricht. Das bedeutet, dass der beschriebene Ansatz auch dann Gültigkeit besitzt, wenn der Wärmestrom in den Verdichter bei Variation des Vordruckes im gleichen Betriebspunkt nicht konstant, sondern vom Verdichtermassenstrom abhängig ist.

5.1.2 Verifikation

Die Verifikation des in Kapitel 5.1.1 vorgestellten Ansatzes wurde mit drei unterschiedlichen Methoden durchgeführt.

(1) Variation der Randbedingungen

Der adiabate Verdichterwirkungsgrad ist definitionsgemäß unabhängig vom Wärmestrom in den Verdichter. Eine Änderung der thermischen Verhältnisse am Abgasturbolader hat also keine Änderung des adiabaten Wirkungsgrades zur Folge. Diese Überlegung kann sich für die Verifikation zu Nutze gemacht werden, indem die Vordruckvariation jeweils bei unterschiedlichen thermischen Randbedingungen durchgeführt wird und die dabei ermittelten adiabaten Wirkungsgrade miteinander verglichen werden. Idealerweise sind die Werte identisch. Anhand der auftretenden Abweichung kann eine Bewertung des Ansatzes erfolgen. Als Kriterium wird hierfür im Folgenden die Spannweite[12] R verwendet.

Abb. 5.5 veranschaulicht den Einfluss der Turbineneintrittstemperatur, der Öltemperatur sowie der Kühlmittelversorgung auf die Oberflächentemperaturen eines Abgasturboladers. Hierfür wurde die Außenwandtemperatur T_W an mehreren Stellen des Turbinen-, des Verdichter- und des Lagergehäuses mittels Widerstandsthermometer gemessen und jeweils arithmetisch gemittelt. Zwar entsprechen die Oberflächentemperaturen nicht den tatsächlichen Bauteiltemperaturen, sie lassen aber dennoch Rückschlüsse auf die Temperaturverteilung und eine qualitative Bewertung des Wärmehaushaltes zu (vgl. [BOH02]).

[12] Die Spannweite (auch: Variationsbreite) gibt in der deskriptiven Statistik die Differenz zwischen dem größten und kleinsten Wert einer Stichprobe an.

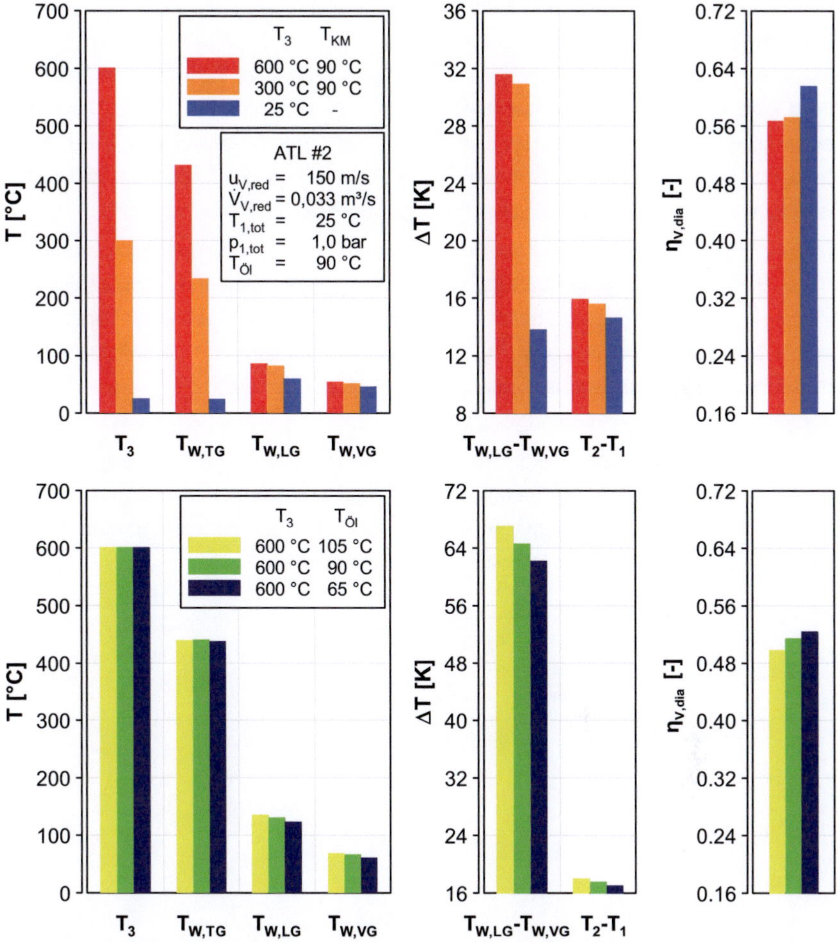

Abb. 5.5: Einfluss der Turbineneintrittstemperatur und der Öltemperatur auf die Oberflächentemperaturen und den diabaten Verdichterwirkungsgrad eines Abgasturboladers

Die Temperatur des Turbinengehäuses wird vornehmlich von der Turbineneintrittstemperatur bestimmt. Deren Einfluss auf die Temperatur des Lager- und des Verdichtergehäuses wird hingegen durch die aktive Kühlung mittels Schmieröl und Kühlmittel abgeschwächt. Dieser Effekt deckt sich mit den Aussagen in [FIL12] und [CHA02], wonach ein gekühltes Lagergehäuse als Wärmesenke wirkt und den Verdichter von der Turbine thermisch größtenteils entkoppelt. Die Temperaturdifferenz zwischen Verdichtergehäuse und Lagergehäuse ($T_{W,LG} - T_{W,VG}$), die als Indikator für den Wärmestrom in den Verdichter angesehen werden kann, wird also maßgeblich von der Temperatur des Kühlmittels und des Schmieröles beeinflusst. So zeigt die Messung bei $T_3 = 25$ °C, die ohne Kühlmittelversorgung durchgeführt wurde, das mit Abstand geringste Temperaturgefälle zwischen Lager- und Verdichtergehäuse und lässt einen relativ geringen Wärmeeintrag in den Verdichter erwarten. Die Unterschiede im Wärmestrom spiegeln sich auch in der Differenz zwischen Verdichtereintritts- und Verdichteraustrittstemperatur ($T_2 - T_1$) und folglich im diabaten Verdichterwirkungsgrad wider, der umso höher ist, je geringer der Wärmestrom ausfällt.

Die Variation der Öltemperatur wurde bei konstanter Turbineneintrittstemperatur und ohne Kühlmittelversorgung durchgeführt. Die dadurch verminderte Wärmeabfuhr hat ein höheres Temperaturniveau des Lagergehäuses und einen größeren Temperaturgradienten zum Verdichtergehäuse zur Folge. Der Gradient und demnach der Wärmestrom in den Verdichter ist umso größer, je höher die Öltemperatur ist. Dementsprechend ergibt sich ein niedrigerer diabater Verdichterwirkungsgrad.

Abb. 5.6 zeigt die bei den unterschiedlichen thermischen Randbedingungen jeweils durch Vordruckvariation ermittelten Verläufe des adiabaten Wirkungsgrades. Zum Vergleich sind im rechten Diagramm die unter entsprechenden Bedingungen gemessenen Verläufe des diabaten Wirkungsgrades abgebildet.

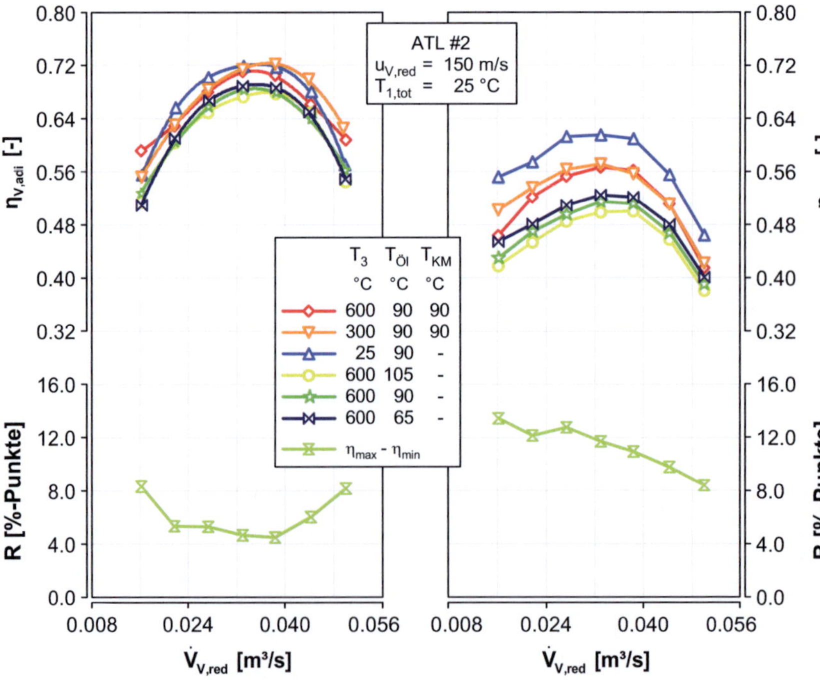

Abb. 5.6: Spannweite des bei unterschiedlichen thermischen Randbedingungen ermittelten adiabaten (links) und diabaten (rechts) Verdichterwirkungsgrades

Die Kennlinien des adiabaten Verdichterwirkungsgrades weisen im mittleren Bereich eine gute Übereinstimmung auf, weichen aber speziell an der Pumpgrenze und bei maximalem Volumenstrom stärker voneinander ab. Die Spannweite beträgt hier ca. 8 %-Punkte, was – bezogen auf das Niveau des adiabaten Wirkungsgrades – einer relativen Abweichung von etwa 15 % entspricht. Der durch die Vordruckvariation bestimmte adiabate Verdichterwirkungsgrad ist also nicht gänzlich unabhängig von den thermischen Verhältnissen. Im Vergleich zum diabaten Wirkungsgrad wird deren Einfluss jedoch deutlich vermindert, was einerseits im höheren Absolutniveau, andererseits in der geringeren Spannweite zum Ausdruck kommt. Versuche an anderen Abgasturboladern bei variierter Turbineneintrittstemperatur zeigen grundsätzlich ähnliche Ergebnisse (siehe **Abb. 5.7**). Zum Vergleich ist jeweils der diabate Wirkungsgrad dargestellt, der unten den sonst für Kennfeldvermessungen üblichen Bedingungen ($T_3 = 600$ °C, $T_{Öl} = 90$ °C, $T_{KM} = 90$ °C, $p_{1,tot} = 1{,}0$ bar) gemessen wurde.

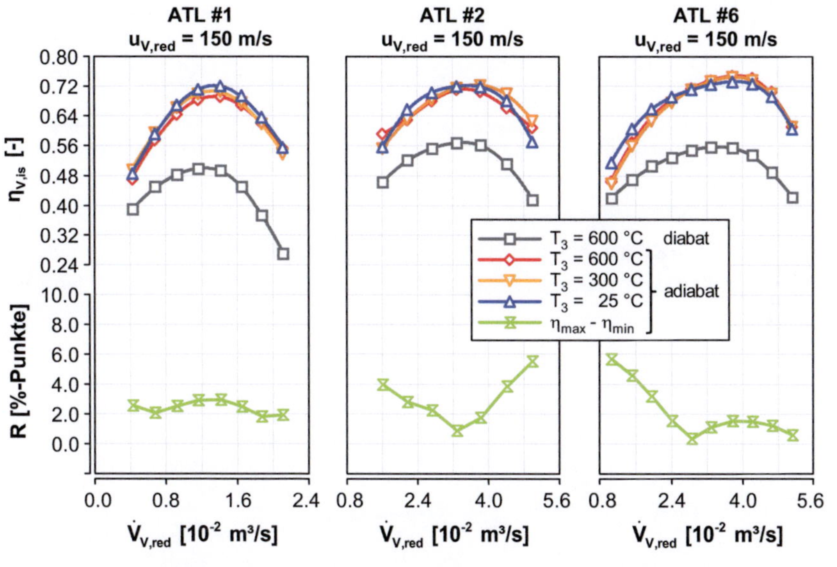

Abb. 5.7: Spannweite des an verschiedenen Abgasturboladern bei unterschiedlicher Turbineneintrittstemperatur ermittelten adiabaten Verdichterwirkungsgrades

Auch hier zeigt sich im Hinblick auf die Differenz zwischen diabatem und adiabatem Wirkungsgrad, dass sich durch die Erhöhung des Druckes am Verdichtereintritt der Einfluss des Wärmestromes auf das Messergebnis verringern, aber nicht vollständig egalisieren lässt. Entsprechende Untersuchungen bei anderer Umfangsgeschwindigkeit ergaben, dass die Spannweite der bei unterschiedlicher Turbineneintrittstemperatur ermittelten adiabaten Verdichterwirkungsgrade mit steigender ATL-Drehzahl abnimmt (**Abb. 5.8**).

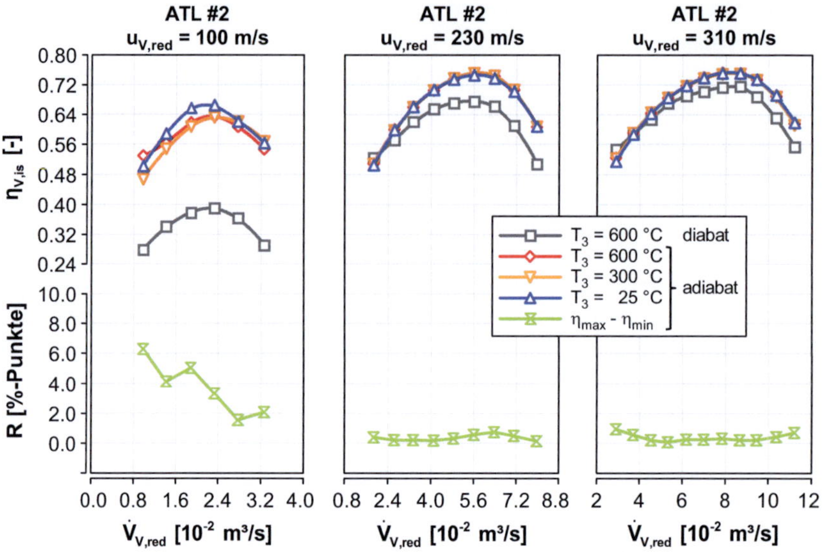

Abb. 5.8: Spannweite des bei unterschiedlicher Umfangsgeschwindigkeit und Turbineneintrittstemperatur ermittelten adiabaten Verdichterwirkungsgrades

In **Abb. 5.9** sind für drei unterschiedliche Abgasturbolader das Verhältnis von Wärmestrom zu adiabater Verdichterleistung und die Spannweite des adiabaten Verdichterwirkungsgrades im Wirkungsgradoptimum einer Drehzahllinie über der entsprechenden Umfangsgeschwindigkeit aufgetragen.

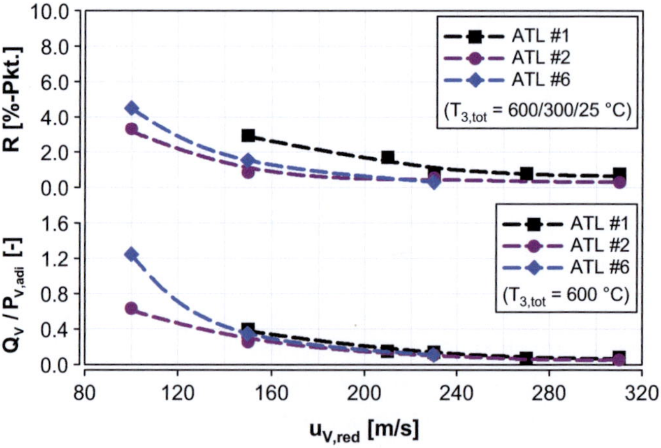

Abb. 5.9: Spannweite des bei unterschiedlicher Turbineneintrittstemperatur ermittelten adiabaten Verdichterwirkungsgrades und Verhältnis von Verdichterwärmestrom zu Verdichterleistung in Abhängigkeit der Umfangsgeschwindigkeit

Aus **Abb. 5.8** und **Abb. 5.9** ist anhand der Spannweite abzuleiten, dass der adiabate Wirkungsgrad als Ergebnis der Vordruckvariation ab einer Umfangsgeschwindigkeit von ca. 200 m/s praktisch unabhängig von den dabei vorherrschenden thermischen Randbedingungen ist. Die Ursache liegt in dem mit steigender Drehzahl nachlassenden Einfluss des Wärmestromes auf die Messung (vgl. Kapitel 2.2.3), da sich das Verhältnis von Wärmestrom zu adiabater Verdichterleistung deutlich verringert (**Abb. 5.9**). Ein Indiz dafür ist auch die mit steigender ATL-Drehzahl abnehmende Differenz zwischen diabatem und adiabatem Wirkungsgrad (**Abb. 5.8**).

Die unter Variation der Turbineneintrittstemperatur durchgeführten Untersuchungen bestätigen prinzipiell den in Kapitel 5.1.1 hergeleiteten thermodynamischen Ansatz. Problematisch ist jedoch die bei niedriger Drehzahl große Differenz zwischen diabatem und adiabatem Verdichterwirkungsgrad, die einen großen Extrapolationsbereich verbunden mit einer relativ hohen Ungenauigkeit bei der Bestimmung des adiabaten Wirkungsgrades zur Folge hat. Im rechten oberen Diagramm von **Abb. 5.10** ist für den Abgasturbolader #2 die Differenz zwischen diabatem und adiabatem Wirkungsgrad im Wirkungsgradoptimum bei kalter ($T_3 = 25\ °C$) und heißer ($T_3 = 600\ °C$) Vermessung über der jeweiligen Umfangsgeschwindigkeit dargestellt.

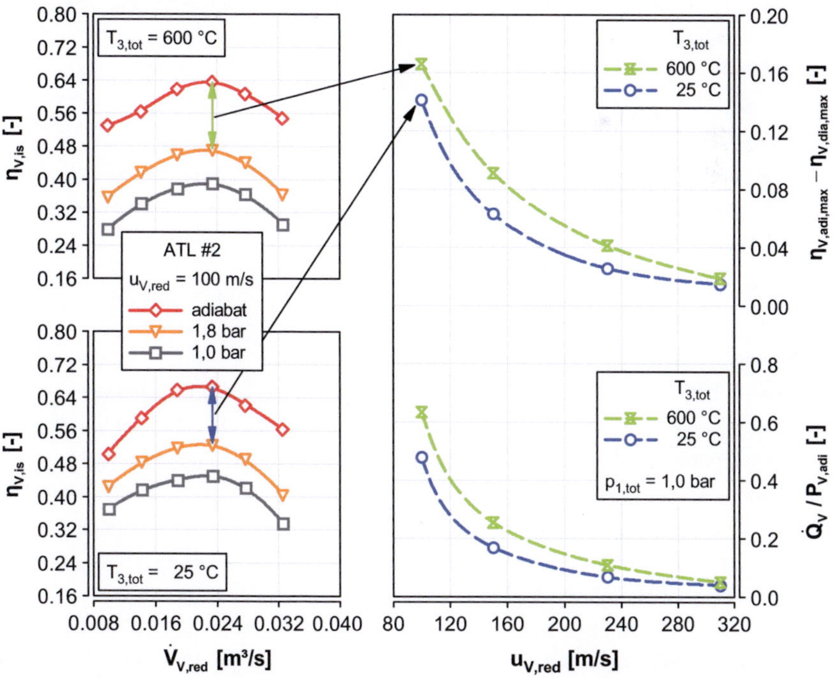

Abb. 5.10: Differenz zwischen diabatem und adiabatem Verdichterwirkungsgrad bei kalter und heißer Vermessung in Abhängigkeit der Umfangsgeschwindigkeit

Die beiden linken Diagramme veranschaulichen am Beispiel einer Umfangsgeschwindigkeit ($u_{V,red} = 100$ m/s) die Vorgehensweise zur Darstellung der beiden Kennlinien. Wird der Wärmeeintrag in den Verdichter reduziert, indem die Vermessung bei niedriger Turbineneintrittstemperatur durchgeführt wird, so verringern sich dadurch das Verhältnis von Verdichterwärmestrom zu adiabater Verdichterleistung (siehe rechtes unteres Diagramm), dementsprechend die Differenz zwischen diabatem und adiabatem Wirkungsgrad und damit der Bereich der Extrapolation. Deren Genauigkeit kann demzufolge durch eine kalte Vermessung erhöht werden.

(2) Verfahren nach LÜDDECKE

Beim Verfahren zur Wärmestromkorrektur nach LÜDDECKE (siehe [FIL12] und [LÜD12]) wird der adiabate Verdichterwirkungsgrad über die Variation der Kühlmitteltemperatur bestimmt. Berechnungsgrundlage bildet das FOURIERsche Gesetz der Wärmeleitung für den Fall eines Festkörpers mit zwei parallelen Oberflächen unterschiedlicher Temperatur:

$$\dot{Q} = \frac{\lambda}{s} \cdot A \cdot \left(T_{HS} - T_{CS}\right) \tag{4.26}$$

Für die Temperatur der heißen Seite T_{HS} wird die Kühlmitteltemperatur angenommen, die Temperatur der kalten Seite T_{CS} wird als Linearkombination von T_1 und T_2 ausgedrückt, wobei der Parameter σ für alle Variationsschritte konstant bleibt:

$$T_{CS} = \sigma \cdot T_1 + \left(1 - \sigma\right) \cdot T_2 \tag{4.27}$$

Alle für den Wärmestrom relevanten Geometrie- und Stoffdaten werden in einem Koeffizienten Θ zusammengefasst, der durch die Variation der Kühlmitteltemperatur iterativ bestimmt wird:

$$\Theta = \frac{\lambda}{s} \cdot A \tag{4.28}$$

Abb. 5.11 zeigt die Ergebnisse der Kühlmitteltemperaturvariation an einem Abgasturbolader bei konstanter reduzierter Verdichterumfangsgeschwindigkeit. Die Kühlung hat erheblichen Einfluss auf den gemessenen diabaten Wirkungsgrad. Je niedriger die Vorlauftemperatur des Kühlmittels ist, desto weniger Wärme fließt in den Verdichter. Als Konsequenz stellt sich eine geringere Verdichteraustrittstemperatur ein, die nach Gleichung (4.2) zu einem höheren gemessenen Wirkungsgrad führt. Der adiabate Verdichterwirkungsgrad wurde sowohl mit der Methode nach LÜDDECKE als auch mit dem in dieser Arbeit entwickelten Ansatz ermittelt. Hierfür wurde analog der Kühlmitteltemperaturvariation eine Variation des Druckes am Verdichtereintritt durchgeführt (siehe **Abb. 5.13**). Die beiden adiabaten Wirkungsgradverläufe weisen eine mit zunehmendem Volumenstrom steigende Differenz auf, die im Wirkungsgradoptimum ca. 5 %-Punkte, bei maximalem Volumenstrom knapp 9 %-Punkte beträgt.

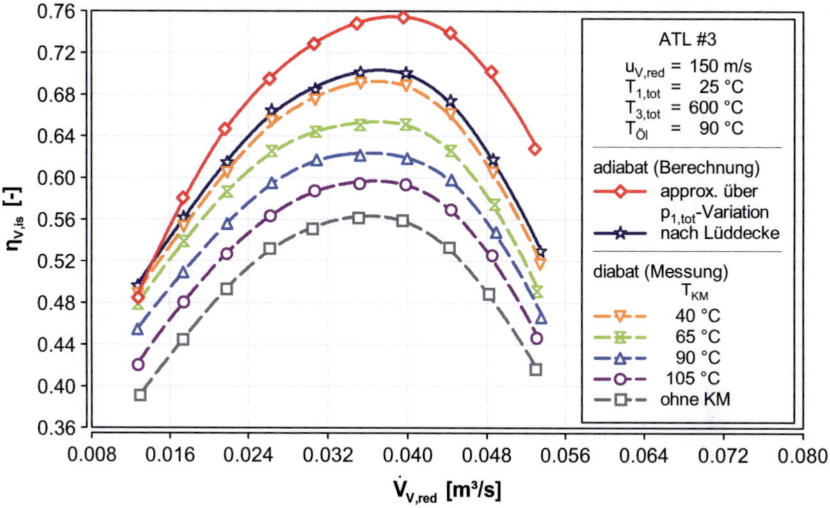

Abb. 5.11: Bestimmung des adiabaten Verdichterwirkungsgrades nach LÜDDECKE durch Variation der Kühlmitteltemperatur

Das Verfahren von LÜDDECKE basiert auf der Temperaturvariation der heißen Seite des Abgasturboladers (siehe Gleichung (4.26)). Eine Alternative besteht darin, nicht die Temperatur der heißen, sondern der kalten Seite zu variieren. Dieser Effekt tritt bei der Vordruckvariation zwangsläufig auf. In **Abb. 5.12** ist die Verdichteraustrittstemperatur in Abhängigkeit des Verdichtereintrittsdruckes in konstanten Betriebspunkten des Verdichters (u_V, π_V, $\dot{V}_V$ = konst.) dargestellt.

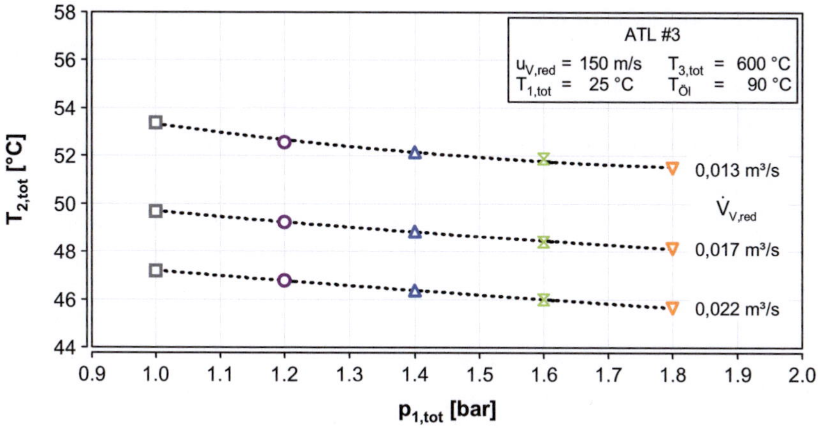

Abb. 5.12: Verdichteraustrittstemperatur in Abhängigkeit des Verdichtereintrittsdruckes

Mit der Steigerung des Druckes am Verdichtereintritt geht eine Absenkung der Verdichteraustrittstemperatur einher, da das Verhältnis Wärmestrom zu Massenstrom abnimmt. Folglich kann aus den Messdaten der Vordruckvariation auch über den Ansatz von LÜDDECKE der adiabate Verdichterwirkungsgrad bestimmt werden.

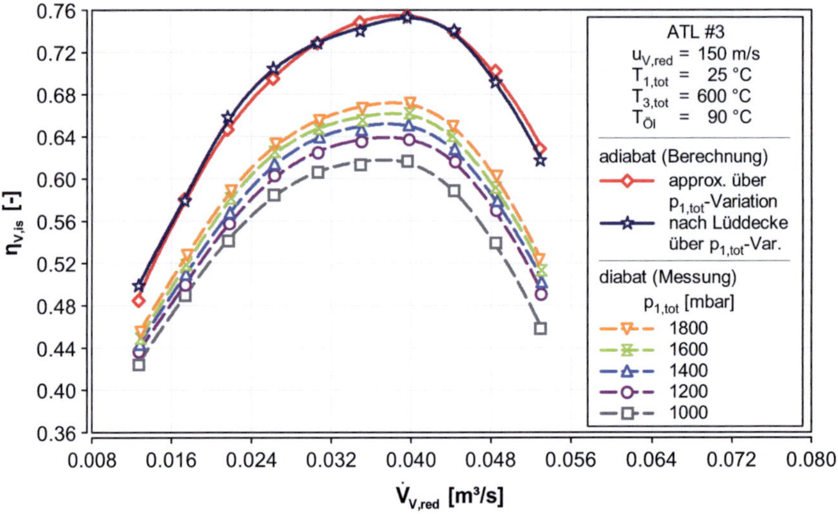

Abb. 5.13: Bestimmung des adiabaten Verdichterwirkungsgrades nach LÜDDECKE durch Variation des Verdichtereintrittsdruckes

Die beiden in **Abb. 5.13** dargestellten Verläufe des adiabaten Verdichterwirkungsgrades wurden auf Basis der Vordruckvariation ermittelt – zum einen nach dem in dieser Arbeit entwickelten Ansatz, zum anderen nach der modifizierten Methode von LÜDDECKE. Beide Kennlinien unterscheiden sich nur geringfügig voneinander und bestätigen damit den in Kapitel 5.1.1 hergeleiteten Ansatz.

(3) CFD-Simulation des Verdichters

Ein wesentlicher Vorteil der CFD-Simulation einer Strömungsmaschine besteht darin, dass über die Definition der Modellparameter adiabate Bedingungen abgebildet werden können. Damit ist es möglich, den adiabaten Wirkungsgrad unmittelbar zu berechnen.

An einem ausgewählten Abgasturbolader (ATL #4) wurde der adiabate Wirkungsgrad des Verdichters sowohl experimentell als auch rechnerisch mit Hilfe der dreidimensionalen Strömungssimulation bestimmt. In **Abb. 5.14** ist die Validierung des entsprechenden CFD-Modells des Verdichters (siehe Kapitel 4.3.2) dargestellt.

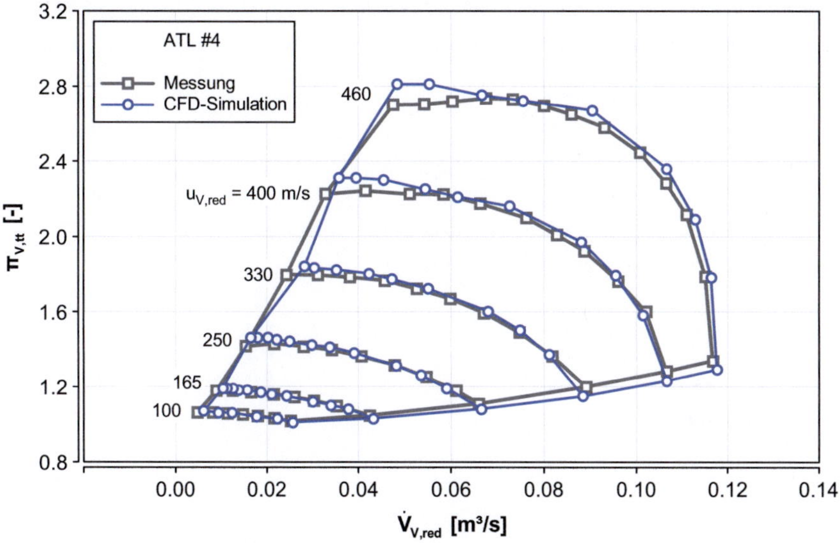

Abb. 5.14: Modellvalidierung des Verdichters

Der Vergleich der Simulationsergebnisse mit denen der Messung zeigt insgesamt eine sehr gute Übereinstimmung. Die Differenz zwischen dem simulierten und dem am Heißgasprüfstand gemessenen Druckverhältnis beträgt im Bereich niedriger Umfangsgeschwindigkeit (≤ 330 m/s) weniger als 2 %. Größere Abweichungen treten lediglich an der Pumpgrenze und bei höherer Umfangsgeschwindigkeit auf [ZEL13], was jedoch für die hier angestellte Untersuchung unerheblich ist.

Die experimentelle Bestimmung des adiabaten Verdichterwirkungsgrades erfolgte durch Druckvariation am Verdichtereintritt ($p_{1,tot} = 1{,}0 \ldots 1{,}9$ bar). **Abb. 5.15** zeigt im linken Diagramm beispielhaft für $u_{V,red} = 100$ m/s die Verläufe des experimentell und des rechnerisch ermittelten Verdichterwirkungsgrades über dem reduzierten Volumenstrom. Im rechten Diagramm sind die Wirkungsgradmaxima aller untersuchten Drehzahllinien über der entsprechenden Verdichterumfangsgeschwindigkeit aufgetragen. Die Maxima der simulierten Wirkungsgradverläufe liegen – nahezu unabhängig von der Umfangsgeschwindigkeit – auf ähnlich hohem Niveau (72…75 %). Hingegen fallen die Optima der am Prüfstand gemessenen diabaten Wirkungsgradverläufe mit sinkender Umfangsgeschwindigkeit von 72 % auf 29 % deutlich ab, was vorrangig dem zunehmenden Einfluss des Wärmestromes geschuldet ist. Abgesehen von der Messung bei $u_{V,red} = 100$ m/s liegen die Maxima der über die Vordruckvariation bestimmten adiabaten Wirkungsgradverläufe auf einem annähernd gleichen Niveau wie die der CFD-Simulation. Die experimentellen Ergebnisse spiegeln grundsätzlich die in **Abb. 5.8** dargestellten Resultate wider und bestätigen die Aussage in

[PUC02], wonach die Behandlung des Verdichters als adiabate Strömungsmaschine erst ab einer Umfangsgeschwindigkeit von 200 m/s gerechtfertigt ist.

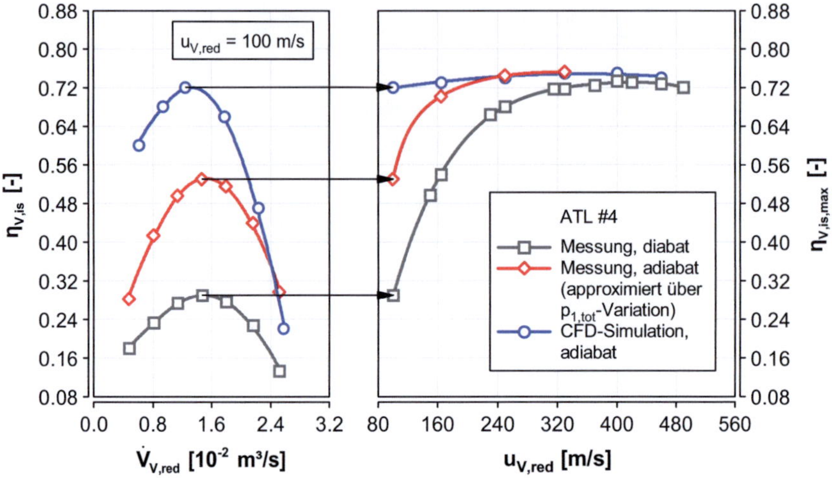

Abb. 5.15: Rechnerisch und experimentell bestimmter adiabater Verdichterwirkungsgrad in Abhängigkeit der Umfangsgeschwindigkeit

Die zur Verifikation durchgeführten Untersuchungen belegen, dass der in Kapitel 5.1.1 beschriebene thermodynamische Ansatz plausibel und zur Bestimmung des adiabaten Verdichterwirkungsgrades geeignet ist. Das Verfahren ist praktisch bei jeder Drehzahl und sowohl bei kalter als auch heißer Vermessung anwendbar. Ein entscheidender Vorteil besteht darin, dass für die Anwendung der Methode keine turboladerspezifischen Parameter oder Annahmen erforderlich sind. Die Erhöhung des Druckes am Verdichtereintritt ist letztendlich nur durch den maximal zulässigen Systemdruck im Verdichterkreis begrenzt. Die Ergebnisqualität nimmt mit steigender Drehzahl zu, wobei ab einer Umfangsgeschwindigkeit von ca. 100 m/s verwertbare Resultate erzielbar sind.

5.1.3 Wärmestromkorrektur des Turbinenwirkungsgrades

Wie in Kapitel 2.2.3 erläutert, wird nicht nur der am Prüfstand bestimmte Verdichterwirkungsgrad, sondern auch der Gesamtwirkungsgrad der Turbine vom Wärmestrom in den Verdichter verfälscht. Ist der adiabate Verdichterwirkungsgrad bekannt, so lässt sich der Einfluss des Verdichterwärmestromes auf den Turbinenwirkungsgrad rechnerisch korrigieren. Gemäß Gleichung (2.26) und Gleichung (4.2) gilt:

$$\eta_{V,adi} = \frac{T_{2is} - T_1}{T_{2adi} - T_1} \tag{4.29}$$

Folglich kann die Verdichteraustrittstemperatur T_{2adi}, die sich bei adiabater Verdichtung einstellen würde, berechnet werden:

$$T_{2adi} = T_1 + \frac{T_{2is} - T_1}{\eta_{V,adi}} \tag{4.30}$$

Die adiabate Enthalpiestromdifferenz, die der vom Verdichter aufgenommenen Leistung entspricht, ergibt sich zu:

$$\Delta \dot{H}_{V,adi} = \dot{m}_V \cdot c_{p,V} \cdot (T_{2adi} - T_1) \tag{4.31}$$

Damit errechnet sich der um den Wärmestrom in den Verdichter korrigierte Gesamtwirkungsgrad der Turbine aus:

$$\eta_{T,is} \cdot \eta_{ATL,m} = \frac{\Delta \dot{H}_{V,adi}}{P_{T,is}} \tag{4.32}$$

In **Abb. 5.16** ist das Ergebnis der Wärmestromkorrektur exemplarisch für die simultane Vermessung von Verdichter und Turbine bei gleicher ATL-Drehzahl dargestellt.

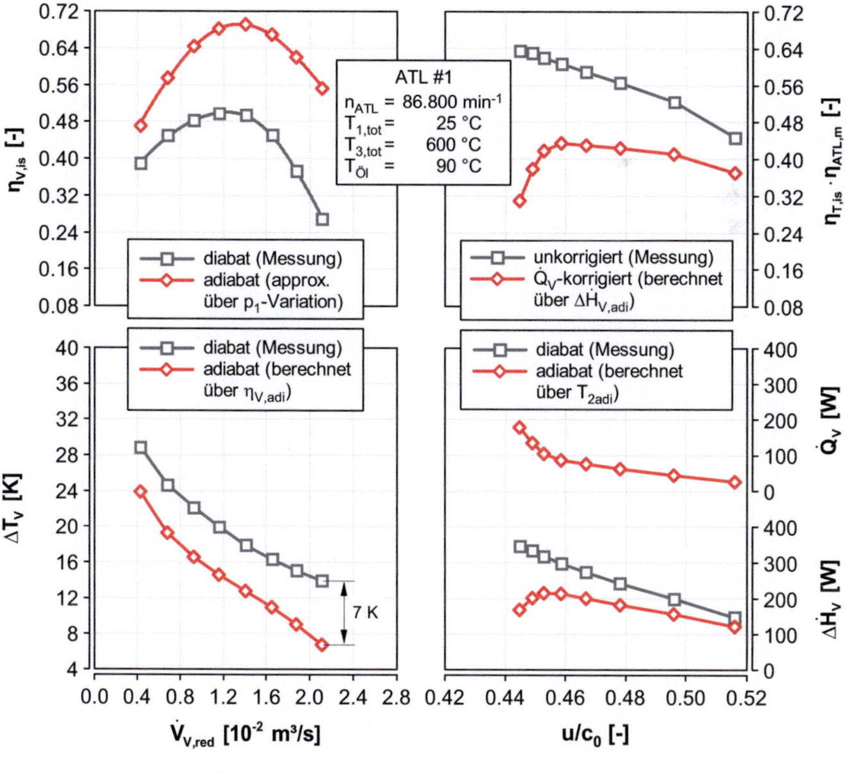

Abb. 5.16: Wärmestromkorrektur des Turbinenwirkungsgrades

Der adiabate Verdichterwirkungsgrad wurde über die Variation des Verdichtereintrittsdruckes ermittelt. Bei Betrachtung der Temperaturdifferenz zwischen Verdichtereintritt und -austritt ($T_2 - T_1$) wird der Unterschied zwischen adiabatem und diabatem Verhalten deutlich. Im konkreten Fall verursacht der Wärmeeintrag in den Verdichter eine Temperaturerhöhung um bis zu 7 K im Vergleich zu einer adiabaten Verdichtung. Die infolgedessen zu hoch bestimmte Enthalpiezunahme im Verdichter verursacht einen zu hoch bestimmten Turbinenwirkungsgrad. Wird die Enthalpiedifferenz des Verdichters nicht über die am Austritt gemessene Temperatur T_2, sondern über die nach Gleichung (4.30) berechnete Temperatur T_{2adi} ermittelt, so ergibt sich daraus der Wärmestrom-korrigierte Turbinengesamtwirkungsgrad.

Bei der in **Abb. 5.16** dargestellten Vorgehensweise wurde der adiabate Verdichterwirkungsgrad in allen Messpunkten der Drehzahllinie bestimmt. Das heißt, die Variation des Druckes am Verdichtereintritt wurde in 8 Betriebspunkten durchgeführt, was bei jeweils 3 Variationsschritten einem Mehraufwand von 24 Messpunkten entspricht. Der zusätzliche Aufwand lässt sich unter vertretbarem Qualitätsverlust deutlich reduzieren, indem der adiabate Verdichterwirkungsgrad in lediglich einem Betriebspunkt der Drehzahllinie bestimmt und in allen weiteren Messpunkten der Linie überschlägig berechnet wird (siehe **Abb. 5.17**). Diesem Ansatz liegt die Überlegung zu Grunde, dass bei der erweiterten Vermessung der Turbine mittels Druckerhöhung im Verdichterkreis ohnehin eine Variation des Druckes am Verdichtereintritt durchgeführt wird (**Abb. 5.17**, blaue Kennlinien). Erfolgt diese Druckvariation also in ein und demselben Betriebspunkt des Verdichters (n_{ATL}, π_V, $\dot{V}_V = \text{konst.}$), so lässt sich daraus für diesen Punkt der adiabate Verdichterwirkungsgrad bestimmen (**Abb. 5.17**, linkes oberes Diagramm, grüner Punkt). Damit kann im zugehörigen Betriebspunkt der Turbine der um den Wärmestrom korrigierte Wirkungsgrad berechnet werden (**Abb. 5.17**, rechtes oberes Diagramm, grüner Punkt). Für den Verdichterbetriebspunkt wird aus dem Verhältnis von adiabatem zu diabatem Verdichterwirkungsgrad der Faktor f_V bestimmt, für den Betriebspunkt der Turbine der Faktor f_T aus dem Verhältnis von Wärmestrom-korrigiertem zu gemessenem Turbinenwirkungsgrad:

$$f_V = \frac{\eta_{V,adi}}{\eta_{V,dia}} \tag{4.33}$$

$$f_T = \frac{\left(\eta_{T,is} \cdot \eta_{ATL,m}\right)_{\dot{Q}_V-korr}}{\eta_{T,is} \cdot \eta_{ATL,m}} \tag{4.34}$$

Mit Hilfe beider Faktoren lässt sich der adiabate Verdichterwirkungsgrad bzw. der Wärmestrom-korrigierte Turbinenwirkungsgrad in allen weiteren Messpunkten der Drehzahllinie durch Skalierung ermitteln (**Abb. 5.17**, orange Kennlinien). Die Annahme eines für alle Messpunkte einer Drehzahllinie konstanten Faktors ist thermodynamisch zwar nicht exakt, stellt jedoch ein einfaches Näherungsverfahren dar. Zur Abschätzung des Fehlers sind in **Abb. 5.17** als Referenz die Verläufe des adiabaten Verdichterwirkungsgrades und des Wärmestrom-korrigierten Turbinenwirkungsgrades eingetragen, die sich aus der Druckvariation in **jedem** Verdichterbetriebspunkt der Drehzahllinie ergeben (rote Kennlinien).

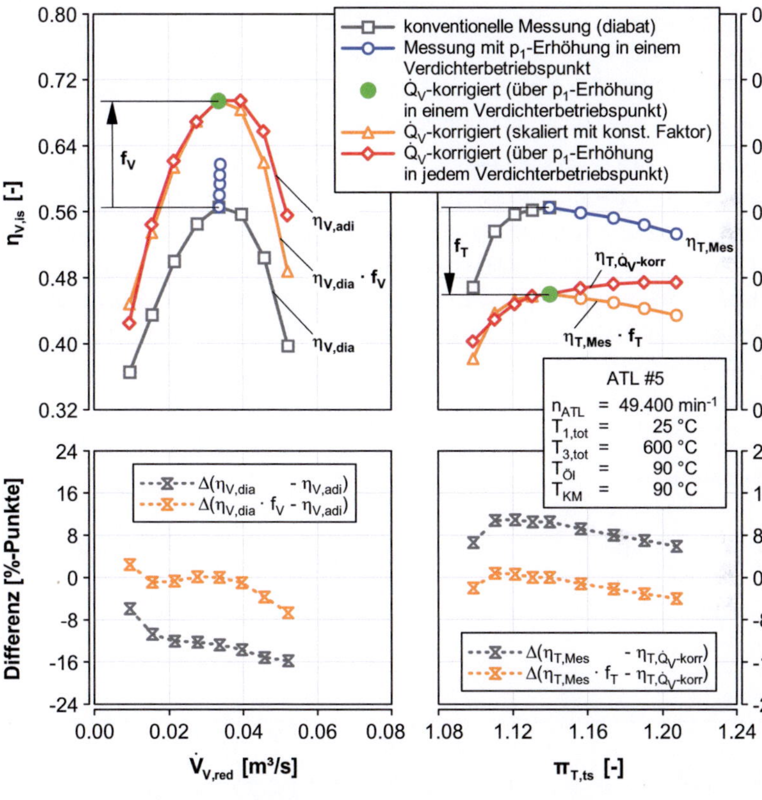

Abb. 5.17: Skalierung des Verdichter- und Turbinenwirkungsgrades

Aus den in den beiden unteren Diagrammen dargestellten Differenzen geht hervor, dass der diabate Fehler infolge Vernachlässigung der Wärmeströme (graue Kennlinien) mit der eben beschriebenen Methode deutlich reduziert werden kann. Er liegt nach der Skalierung mit den Faktoren f_V und f_T im Bereich zwischen -7 und 2 %-Punkten (orange Kennlinien). Der wesentliche Vorteil dieses Ansatzes besteht darin, dass der adiabate Verdichterwirkungsgrad sowie der Wärmestrom-korrigierte Turbinenwirkungsgrad im Rahmen der erweiterten Vermessung der Turbine bestimmt bzw. abgeschätzt werden können, ohne dass zusätzlicher experimenteller Aufwand von Nöten ist.

5.2 Extrapolation des Turbinenwirkungsgrades

5.2.1 Grundlegender Ansatz

Der übliche Ansatz zur Extrapolation des Turbinenwirkungsgrades besteht darin, dessen gemessenen Verlauf über der Laufzahl mit Hilfe einer mathematischen Funktion zu approximieren (siehe Kapitel 2.2.4). Problematisch ist hierbei, dass der durch Messdaten beschriebene Bereich sehr klein ist. Trotz bekannter Stützstellen ($u / c_0 = 0$, $\eta = 0$, ggf. Durchgangspunkt) birgt die Extrapolation gerade im Bereich niedriger Laufzahl eine relativ große Unsicherheit.

Der neue Ansatz zielt darauf ab, nicht den Turbinenwirkungsgrad selbst zu extrapolieren, sondern die Größen, aus denen er berechnet wird (P_V, $P_{T,is}$) und deren Verläufe sich ggf. besser approximieren lassen. Den Ausgangspunkt der Überlegung stellt ein über dem Druckverhältnis aufgetragenes Turbinenkennfeld dar (**Abb. 5.18**, ① und ④), bei dem sich mehrere Drehzahllinien überlappen (grau hinterlegter Bereich). In den beiden rechten Diagrammen (**Abb. 5.18**, ② und ③) sind die zugehörige Verdichterleistung und die isentrope Turbinenleistung über dem Turbinendruckverhältnis aufgetragen.

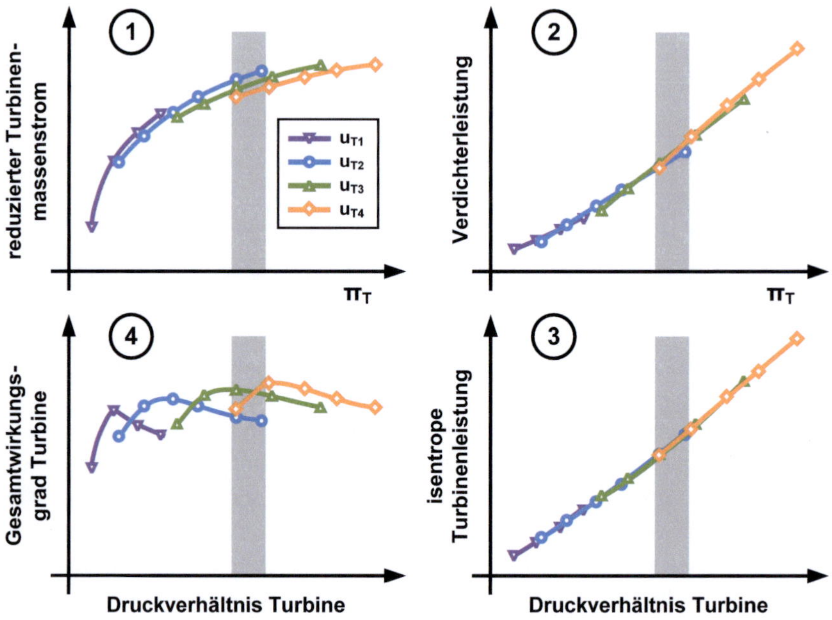

Abb. 5.18: Turbinenkennfeld (links) und zugehörige Verläufe der Verdichterleistung und der isentropen Turbinenleistung (rechts)

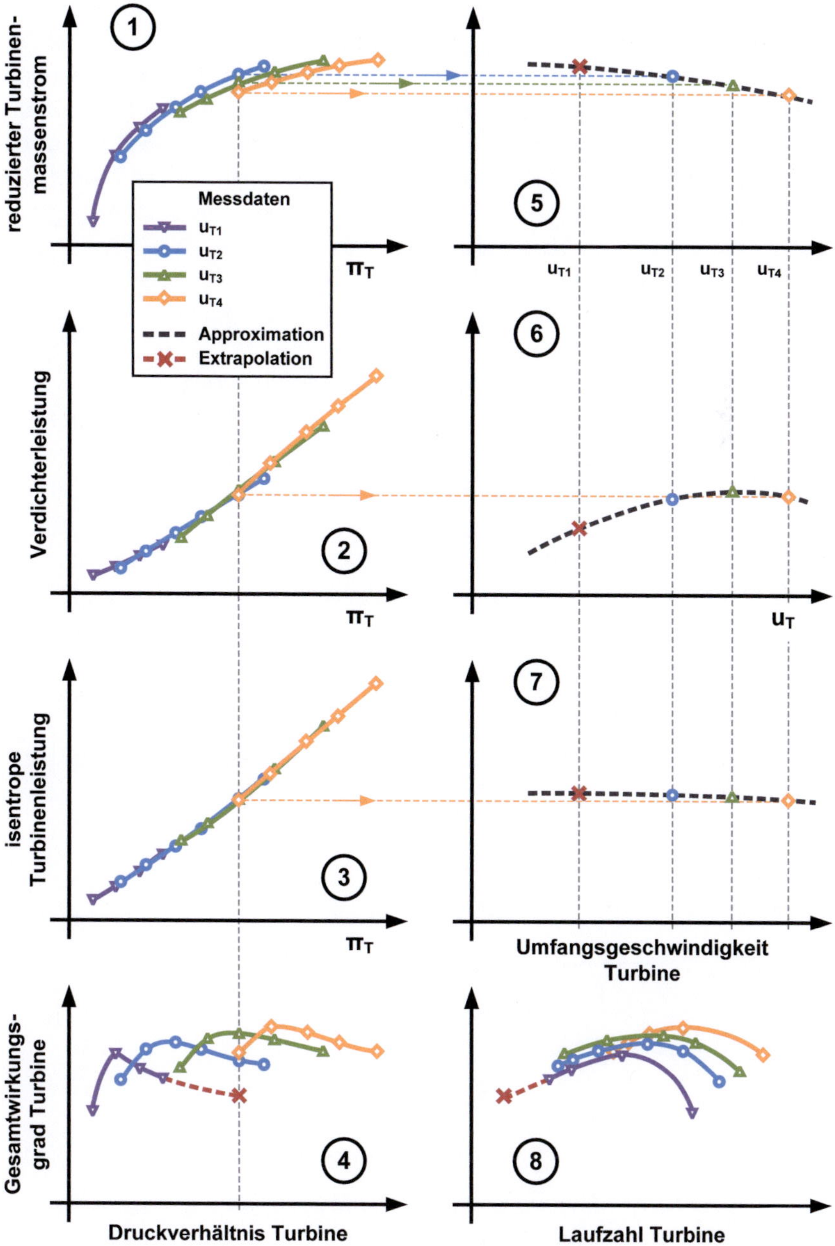

Abb. 5.19: Erweiterung des Turbinenkennfeldes durch Extrapolation des reduzierten Turbinenmassenstromes, der Verdichterleistung und der isentropen Turbinenleistung

Aus den Verläufen des reduzierten Turbinenmassenstromes bei konstanter Turbinenumfangsgeschwindigkeit (**Abb. 5.18** und **Abb. 5.19**, ①) lässt sich für ein konstantes Turbinendruckverhältnis der Verlauf des reduzierten Massenstromes über der Umfangsgeschwindigkeit ermitteln (**Abb. 5.19**, ⑤). Die gleiche Herangehensweise führt zur Darstellung der Verdichterleistung sowie der isentropen Turbinenleistung über der Umfangsgeschwindigkeit (**Abb. 5.19**, ⑥ und ⑦). Die Abhängigkeit des reduzierten Turbinenmassenstromes, der isentropen Turbinenleistung und der Verdichterleistung von der Umfangsgeschwindigkeit bei konstantem Turbinendruckverhältnis wird jeweils durch eine mathematische Funktion approximiert. Um den geeigneten Typ der Ansatzfunktion zu ermitteln, wurden zunächst analytische Betrachtungen angestellt.

Im Gegensatz zur Axialturbine, deren Massendurchsatz im Wesentlichen vom anliegenden Druckverhältnis bestimmt wird, ist das Durchsatzverhalten der Radialturbine zusätzlich von der Drehzahl abhängig [ZIN85]. Als Grund hierfür wird in [MAL89] der Einfluss des Fliehkraftfeldes genannt, das der Strömungsrichtung im Turbinenrad (von außen nach innen) entgegengesetzt ist. Wird die Turbine als Düse mit dem Ersatzquerschnitt A_T betrachtet, so lässt sich der Massenstrom nach Gleichung (2.29) berechnen. Nach [ZIN12] ergibt sich der Ersatzquerschnitt zu:

$$A_T = \sqrt{\left[1 + \frac{c_{1D}^2}{c_0^2} + \frac{w_{1R}^2}{c_0^2} - \left(\frac{u_1}{c_0}\right)^2 + \left(\frac{u_2}{c_0}\right)^2\right] \cdot \left[\frac{\left(A_D \cdot A_R\right)^2}{\left(A_R \cdot \rho_{Sp}/\rho_4\right)^2 + \left(A_D\right)^2}\right]} \tag{4.35}$$

worin sich der effektive Leitradquerschnitt A_D und der effektive Laufradquerschnitt A_R aus Schaufelzahl z, Schaufelhöhe h, mittlerer Kanalbreite $\bar{a}$ und Durchflussbeiwert μ berechnen (siehe **Abb. 5.20**):

$$A_D = z_D \cdot h_D \cdot \bar{a}_D \cdot \mu_D \tag{4.36}$$

$$A_R = z_R \cdot h_R \cdot \bar{a}_R \cdot \mu_R \tag{4.37}$$

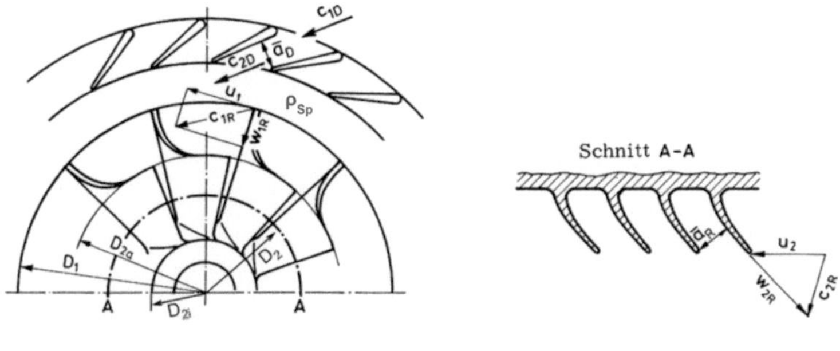

Abb. 5.20: Schaufelgitter von Lauf- und Leitrad sowie Geschwindigkeitsdreiecke bei einer Radialturbine [ZIN12]

Der Turbinenmassenstrom ist also nach Gleichung (2.29) und Gleichung (4.35) eine Funktion des Turbinenersatzquerschnittes und damit der Umfangsgeschwindigkeit. Dieser Zusammenhang ist für die hier durchgeführte Betrachtung insofern von Belang, als dass der reduzierte Turbinenmassenstrom, die isentrope Turbinenleistung sowie die Verdichterleistung unmittelbar vom Turbinenmassenstrom und folglich von der Umfangsgeschwindigkeit abhängig sind. Für den reduzierten Turbinenmassenstrom gilt nach Gleichung (2.16):

$$\dot{m}_{T,red} = \dot{m}_T(u) \cdot \frac{\sqrt{T_3}}{p_3} \tag{4.38}$$

Die isentrope Turbinenleistung berechnet sich zu:

$$P_{T,is} = \dot{m}_T(u) \cdot c_{p,T} \cdot T_{3,tot} \cdot \left(1 - \left(\frac{1}{\pi_T}\right)^{\frac{\kappa_3 - 1}{\kappa_3}}\right) \tag{4.39}$$

Die vom Verdichter aufgenommene Leistung P_V berechnet sich in Anlehnung an Gleichung (2.2) aus der Turbinenleistung abzüglich der Reibleistung:

$$P_V = P_T - P_R \tag{4.40}$$

Die von der Turbine auf die Laufzeugwelle übertragene Leistung ergibt sich nach **Abb. 5.20** und Gleichung (2.9) zu:

$$P_T = \omega_T \cdot M_T = 2 \cdot \pi \cdot n_T \cdot \dot{m}_T \cdot \left(\frac{D_1}{2} \cdot c_{u1R} - \frac{D_2}{2} \cdot c_{u2R}\right) = \dot{m}_T \cdot \left(u_1 \cdot c_{u1R} - u_2 \cdot c_{u2R}\right) \tag{4.41}$$

Für die Verdichterleistung gilt somit:

$$P_V = \dot{m}_T(u) \cdot \left(u_1 \cdot c_{u1R} - u_2 \cdot c_{u2R}\right) - P_R(u) \tag{4.42}$$

wobei für die Reibleistung in erster Näherung von einer kubischen Funktion der Umfangsgeschwindigkeit (Gleichung (4.46)) ausgegangen werden kann.

Mit den Gleichungen (2.29) und (4.35) ergeben sich für die Abhängigkeit des reduzierten Turbinenmassenstromes, der isentropen Turbinenleistung und der Verdichterleistung von der Umfangsgeschwindigkeit funktionelle Zusammenhänge, die sich aufgrund ihrer Komplexität als Ansatzfunktionen für eine Approximation als praktisch ungeeignet erwiesen haben. Aus diesem Grund wurden an dem in Kapitel 4.3.2 beschriebenen CFD-Modell einer Turbine numerische Berechnungen durchgeführt mit dem Ziel, empirische, einfach anwendbare Ansatzfunktionen abzuleiten. So wurden auf Basis der analytischen Betrachtungen u. a. Polynomansätze zweiter und dritter Ordnung untersucht. Insbesondere für die Approximation der Verdichter- und der (isentropen) Turbinenleistung erscheint ein Ansatz dritter Ordnung sinnvoll. In den experimentellen Untersuchungen führte dies jedoch zu unstetigen, teilweise unplausiblen Kurvenverläufen des Turbinenwirkungsgrades. Die CFD-Simulationen haben zum Ergebnis, dass sich die in **Abb. 5.21** dargestellten Verläufe mit hinreichender Genauigkeit durch Polynomfunktionen zweiter Ordnung (Gleichung (4.43)) abbilden lassen, was sich in den experimentellen Untersuchungen auch für die Approximation der Verdichter- und der Turbinenleistung als zielführend herausgestellt hat.

$$f_i(u_T) = a_{i,0} + a_{i,1} \cdot u_T + a_{i,2} \cdot {u_T}^2 \quad (\pi_T = konst.) \tag{4.43}$$

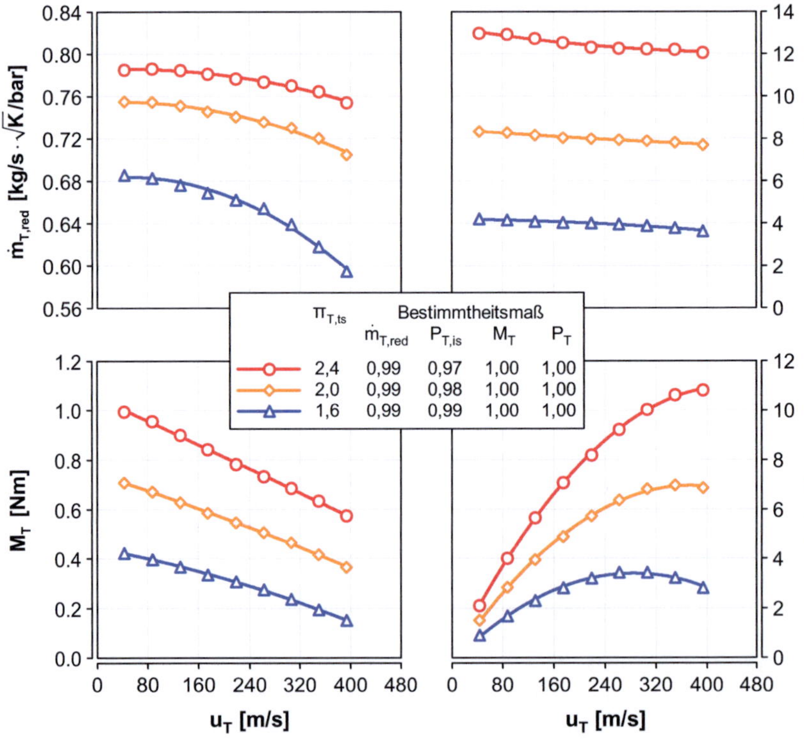

Abb. 5.21: Quadratische Approximation thermodynamischer Kenngrößen einer Radialturbine (CFD-Simulation)

Da das Modell lediglich die Turbine, nicht aber den Verdichter abbildet, wurde zur Bewertung der Approximation der Verdichterleistung die aus dem Drehmoment an der Turbine berechnete Turbinenleistung verwendet. In Anlehnung daran besteht am realen Abgasturbolader die Alternative, nicht die Verdichterleistung, sondern das Verdichterdrehmoment zu approximieren und daraus die Verdichterleistung zu berechnen (**Abb. 5.22**), was in den durchgeführten Untersuchungen zu besseren Ergebnissen geführt hat.

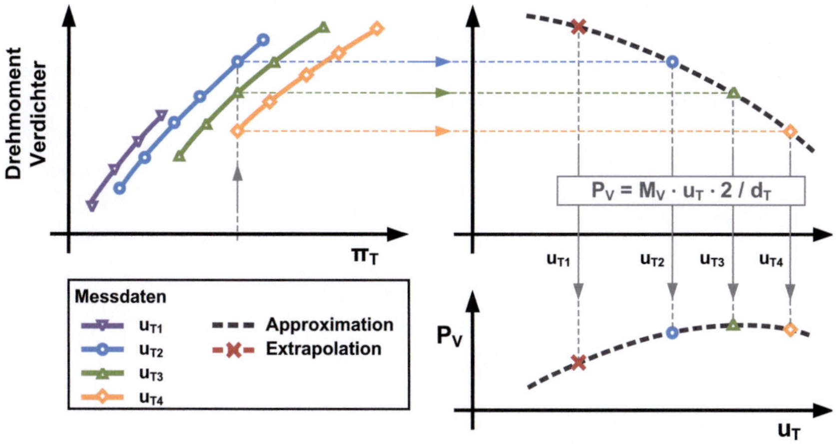

Abb. 5.22: Berechnung der Verdichterleistung über die Approximation des Drehmomentes am Verdichter

Mit Hilfe der quadratischen Ansatzfunktionen nach Gleichung (4.43) lassen sich für ein konstantes Turbinendruckverhältnis bei jeder Umfangsgeschwindigkeit der reduzierte Turbinenmassenstrom, das Verdichterdrehmoment bzw. die Verdichterleistung, die isentrope Turbinenleistung und daraus letztendlich der Turbinenwirkungsgrad berechnen (**Abb. 5.19**, ⑤, ⑥, ⑦, ④, ⑧). Die Koeffizienten $a_{i,0}$, $a_{i,1}$ und $a_{i,2}$ werden mittels Methode der kleinsten Fehlerquadrate bestimmt, wofür mindestens drei Stützstellen notwendig sind. Die beschriebene Vorgehensweise ist demzufolge für jedes beliebige Turbinendruckverhältnis anwendbar, bei dem sich mindestens drei Drehzahllinien überlappen. Ist dies als Ergebnis der Kennfeldvermessung nicht der Fall, so können stattdessen auch gezielte Messreihen bei konstantem Druckverhältnis durchgeführt werden, bei denen die Umfangsgeschwindigkeit variiert wird (**Abb. 5.27**).

5.2.2 Experimentelle Erweiterung

Ein wesentlicher Nachteil des in Kapitel 5.2.1 beschriebenen Ansatzes liegt in der fehlenden Stützstelle bei $u / c_0 = 0$ bzw. $u_T = 0$ m/s, worunter die Qualität der Extrapolation vor allem in den Bereich niedriger Umfangsgeschwindigkeit leidet. Die Stützstelle kann jedoch mit einer einfachen experimentellen Methode ermittelt und damit die Extrapolation entscheidend verbessert werden. Wird das Verdichterrad arretiert und die Turbine mit Heißgas beaufschlagt und vermessen, so lässt sich damit bei $u_T = 0$ m/s der reduzierte Turbinenmassenstrom und die isentrope Turbinenleistung bestimmen. Die Verdichterleistung ist in diesem Punkt gleich Null. Soll der Verlauf der Verdichterleistung über den approximierten Verlauf des Verdichterdrehmomentes bestimmt werden (**Abb. 5.22**), so ist zusätzlich zur Arretierung die Messung des Drehmomentes am Verdichterrad im Stillstand ($n = 0\ \text{min}^{-1}$ bzw. $u = 0$ m/s) notwendig. **Abb. 5.23** zeigt das Schema des dafür konzipierten Versuchsaufbaus.

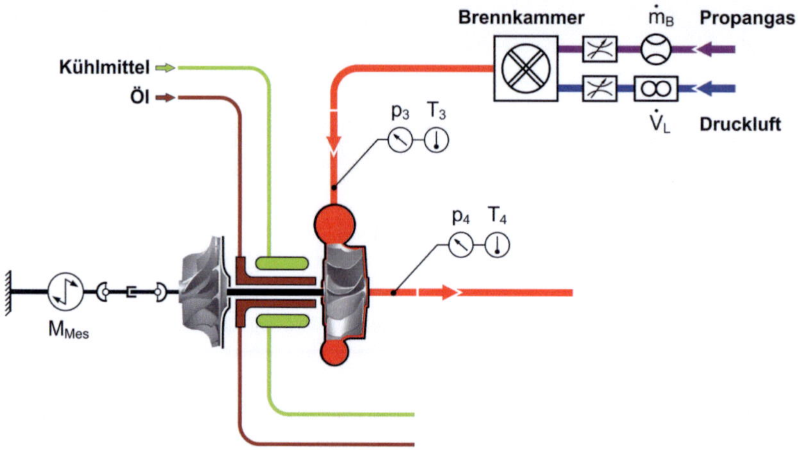

Abb. 5.23: Schema des Versuchsaufbaus am Heißgasprüfstand zur Messung des Drehmomentes am Verdichterrad

Prinzipiell gleicht der Aufbau dem einer gewöhnlichen Kennfeldvermessung. Die Messung der Temperatur und des Druckes am Verdichtereintritt und -austritt ist nicht erforderlich. Das Verdichterrad ist über eine Welle mit der Drehmomentmesseinrichtung verbunden. Um die Übertragung axialer und radialer Kräfte auf das Laufzeug zu verhindern, kommt hierfür eine Gelenkwelle mit Längenausgleich zum Einsatz. Die Verbindung der Welle mit dem Laufzeug des Abgasturboladers ist formschlüssig über die Zentralmutter des Verdichterrades und entsprechendem Gegenstück ausgeführt (**Abb. 5.24**).

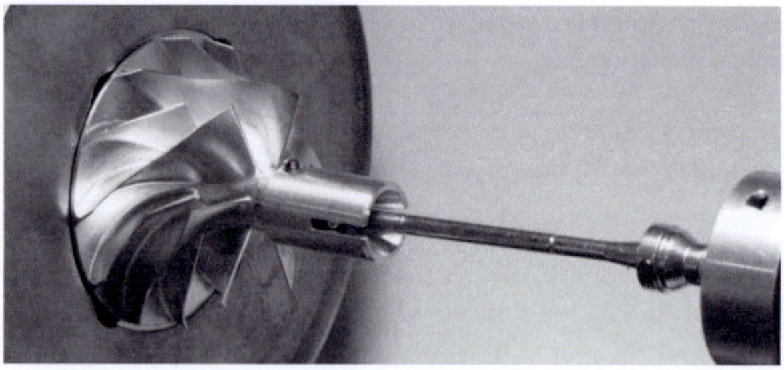

Abb. 5.24: Formschlüssige Verbindung Verdichterrad – Gelenkwelle

Das notwendige Gegenmoment wird über eine Einspannung aufgebracht. Der Betrieb bei ruhendem Laufzeug stellt praktisch keine Ansprüche an die Drehzahlfestigkeit der Bauteile und gestattet die Verwendung einfacher Maschinenelemente und Messtechnik. Das Laufzeug muss für den Versuch weder demontiert noch verändert werden. Da das Turbinengehäuse fest mit der Brennkammer verbunden ist, verändert der Turbolader im Betrieb – je nach Heißgastemperatur – aufgrund der Wärmedehnung des Messrohres vor Turbineneintritt seine Position. Da das Ausmaß der Wärmedehnung aufgrund der Rohrlänge und der Temperaturdifferenz nicht unerheblich ist und nicht zwangsläufig durch die Gelenkwelle kompensiert werden kann, ist es zweckmäßig, den gesamten Messaufbau zur Bestimmung des Drehmomentes schwimmend zu lagern und starr mit dem Abgasturbolader zu koppeln.

Für die Vermessung wird die Turbine mit Heißgas beaufschlagt. Die Randbedingungen (T_3, $T_{Öl}$, $p_{Öl}$, T_{KM}) sind mit denen der konventionellen Kennfeldvermessung identisch. Die Rotation des Laufzeuges wird durch die Einspannung unterbunden. Die isentrope Turbinenleistung $P_{T,is}$ wird über die Messung des Massenstromes $\dot{m}_T$, der Temperatur $T_{3,tot}$ und des Druckes vor und nach Turbine ($p_{3,tot}$, $p_{4,st}$) nach Gleichung (4.39) berechnet. Das an der Drehmomentmesseinrichtung gemessene Drehmoment M_{Mes} entspricht dem von der Turbine aufgebrachten Drehmoment M_T abzüglich des Reibmomentes M_R:

$$M_{Mes} = M_V = M_T - M_R \tag{4.44}$$

Das am Verdichterrad anliegende Drehmoment wird vom Reibmoment der Laufzeuglagerung beeinflusst, das jedoch unbekannt ist. Da zwischen der Laufzeugwelle und deren Lagern keine Relativbewegung stattfindet, liegt an den entsprechenden Kontaktflächen Haftreibung vor, wobei nicht von reiner Festkörperreibung, sondern von Mischreibung auszugehen ist. Um eine eventuell daraus resultierende Verfälschung des Mess- und schließlich Extrapolationsergebnisses beurteilen zu können, wurden umfangreiche Experimente, u. a. auch bei niedriger Drehzahl ($n \leq 100\ \text{min}^{-1}$) durchgeführt. Hierfür kam anstatt der festen Einspannung ein Elektromotor als Belastungseinrichtung zum Einsatz. Anhaftungseffekte im Stillstand, die zu einer Verringerung des gemessenen Drehmomentes führen würden, konnten damit nicht nachgewiesen werden. Der Versuchsaufbau unterbindet die Einleitung einer äußeren Axialkraft auf das Verdichterrad. Die zusätzliche radiale Belastung aufgrund der Gewichtskraft der Gelenkwelle und der Adapterhülse beträgt weniger als 0,09 N. Die in [KER13] durchgeführten Untersuchungen ergaben, dass der Fehler infolge des Reibmomentes vernachlässigt werden kann.

In **Abb. 5.25** sind beispielhaft die Ergebnisse der Vermessung eines Abgasturboladers mit variabler Turbinengeometrie bei nicht-rotierendem Laufzeug den Ergebnissen der herkömmlichen Kennfeldvermessung bei unterschiedlicher Drehzahl gegenübergestellt. Der Strömungsquerschnitt der Turbine wurde über die Leitschaufelstellung variiert, wobei 0 % minimalem und 100 % maximalem Strömungsquerschnitt entsprechen.

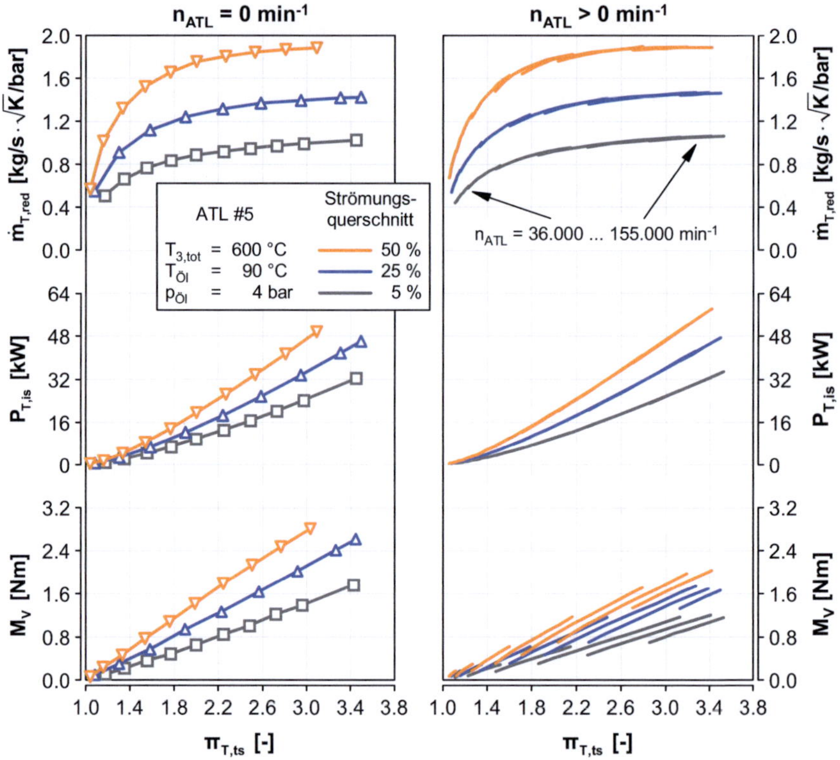

Abb. 5.25: Thermodynamische Kenngrößen eines Abgasturboladers bei Vermessung mit nicht-rotierendem Laufzeug (links) und konventioneller Vermessung mit unterschiedlicher Drehzahl (rechts)

Prinzipiell entspricht die Charakteristik der bei arretiertem Laufzeug gemessenen Größen der der Vermessung mit rotierendem Laufzeug. Bei gleichem Strömungsquerschnitt der Turbine nehmen Massenstrom, isentrope Turbinenleistung und Verdichterdrehmoment mit steigendem Turbinendruckverhältnis zu. Mit zunehmendem Strömungsquerschnitt wird bei gleichem Turbinendruckverhältnis ein höherer Massenstrom erzielt, der zu einer höheren isentropen Turbinenleistung und einem größeren Drehmoment am Verdichterrad führt.

Aus **Abb. 5.26** wird ersichtlich, dass die Vermessung der Turbine bei arretiertem Laufzeug wesentliche Stützstellen für die in Kapitel 5.2.1 beschriebene Approximation des reduzierten Turbinenmassenstromes und der isentropen Turbinenleistung liefert. Verdichterseitig wird der Stützpunkt über die Verdichterleistung ($P_V = 0\ \text{W}$)

oder die Messung des Drehmomentes am Verdichterrad bei nicht-rotierendem Laufzeug erzielt. Damit kann anstatt einer Extrapolation in den Bereich niedriger Umfangsgeschwindigkeit eine Interpolation durchgeführt werden.

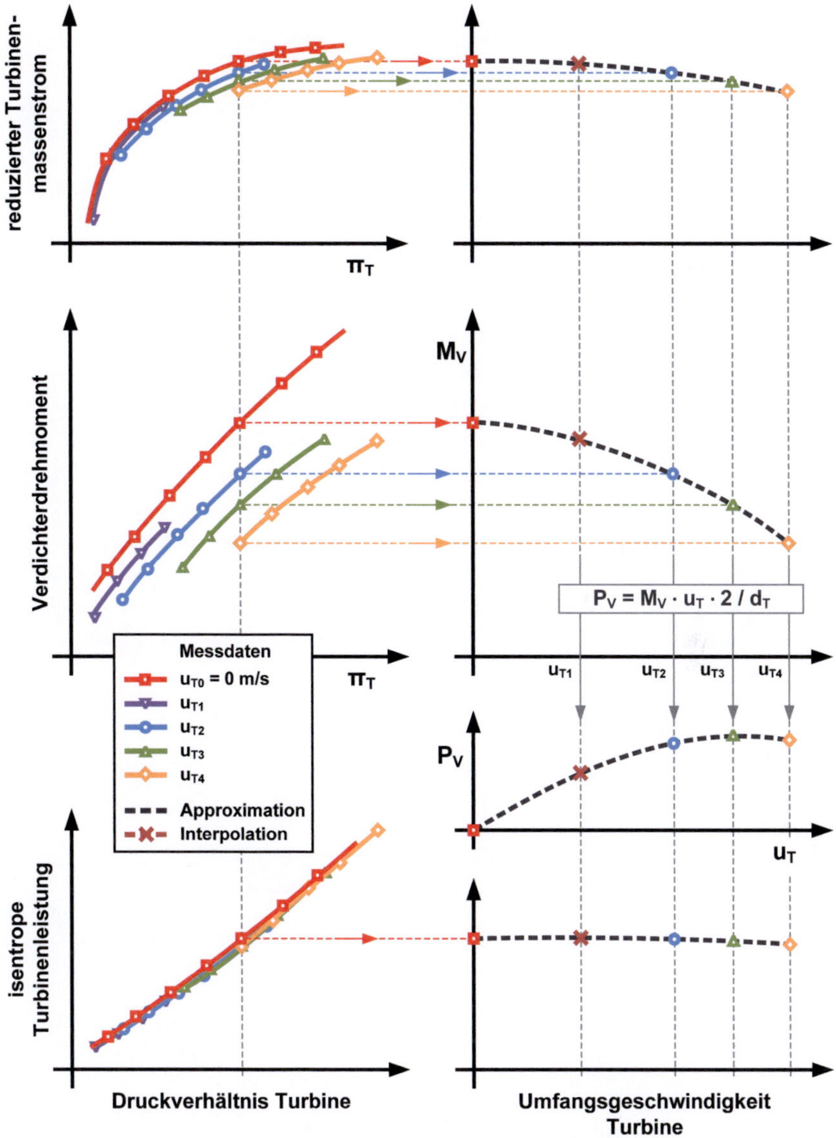

Abb. 5.26: Erweiterung des Turbinenkennfeldes durch Interpolation des reduzierten Turbinenmassenstromes, des Verdichterdrehmomentes, der Verdichterleistung und der isentropen Turbinenleistung

5.2.3 Verifikation

Um die Kennfelderweiterung nach der eben dargelegten Methode bewerten zu können, werden die damit erzielten Ergebnisse mit denen der Vordruckerhöhung im Verdichterkreis verglichen. Hierfür wurden experimentelle Untersuchungen an unterschiedlichen Abgasturboladern nach folgender Vorgehensweise durchgeführt:

(1) konventionelle ($p_{1,tot} = 1$ bar) und erweiterte ($p_{1,tot} > 1$ bar) Vermessung des Turbinenkennfeldes

(2) Vermessung bei konstantem Turbinendruckverhältnis und Variation der Umfangsgeschwindigkeit (**Abb. 5.27**)

(3) Umbau der Versuchsanordnung nach **Abb. 5.23** und Drehmomentmessung am Verdichterrad bei nicht-rotierendem Laufzeug

Die Variation der Umfangsgeschwindigkeit bei konstantem Turbinendruckverhältnis wurde am Heißgasprüfstand über die Veränderung der Verdichterleistung realisiert. Ausgehend von maximaler Leistung bei voll geöffnetem Regelventil nach Verdichter (siehe **Abb. 4.1**) wurde der Volumenstrom schrittweise bis zur Pumpgrenze angedrosselt. Die Regelung des Turbinendruckverhältnisses erfolgte über den Turbinenmassenstrom. Die Versuchsreihen wurden bei neun unterschiedlichen Druckverhältnissen im Bereich $\pi_T = 1{,}6...3{,}2$ durchgeführt. In **Abb. 5.27** sind die nach der eben beschriebenen Vorgehensweise ermittelten Messpunkte aufgetragen. Außerdem sind das bei nicht-rotierendem Laufzeug ($u_T = 0$ m/s) am Verdichterrad gemessene Drehmoment und die dabei bestimmte isentrope Turbinenleistung dargestellt.

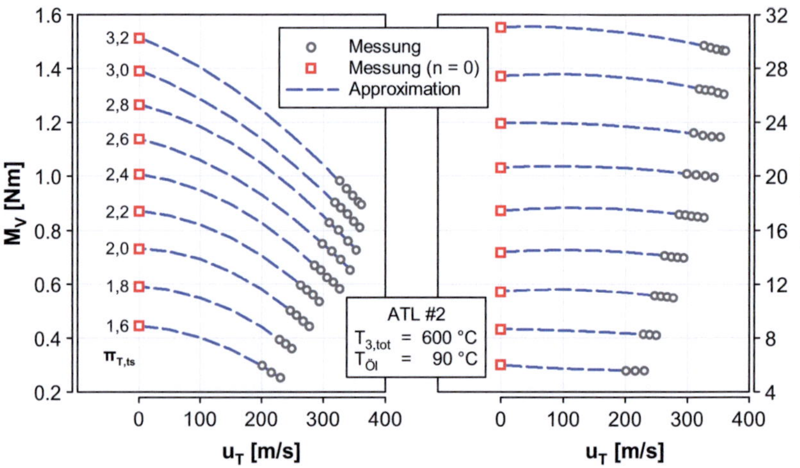

Abb. 5.27: Verdichterdrehmoment und isentrope Turbinenleistung in Abhängigkeit von Druckverhältnis und Umfangsgeschwindigkeit der Turbine (Messung)

Die blauen Kurven stellen die anhand der Messwerte nach Gleichung (4.43) approximierten Verläufe des Verdichterdrehmomentes und der isentropen Turbinenleistung über der Umfangsgeschwindigkeit dar. Aus den Daten lässt sich für jede beliebige Umfangsgeschwindigkeit und jedes vermessene Druckverhältnis ($\pi_T = 1{,}6...3{,}2$) der Turbinenwirkungsgrad bestimmen. In **Abb. 5.28** sind für denselben Turbolader die Ergebnisse der konventionellen Kennfeldvermessung und der Kennfelderweiterung mittels Vordruckerhöhung und Drehmomentmessung dargestellt.

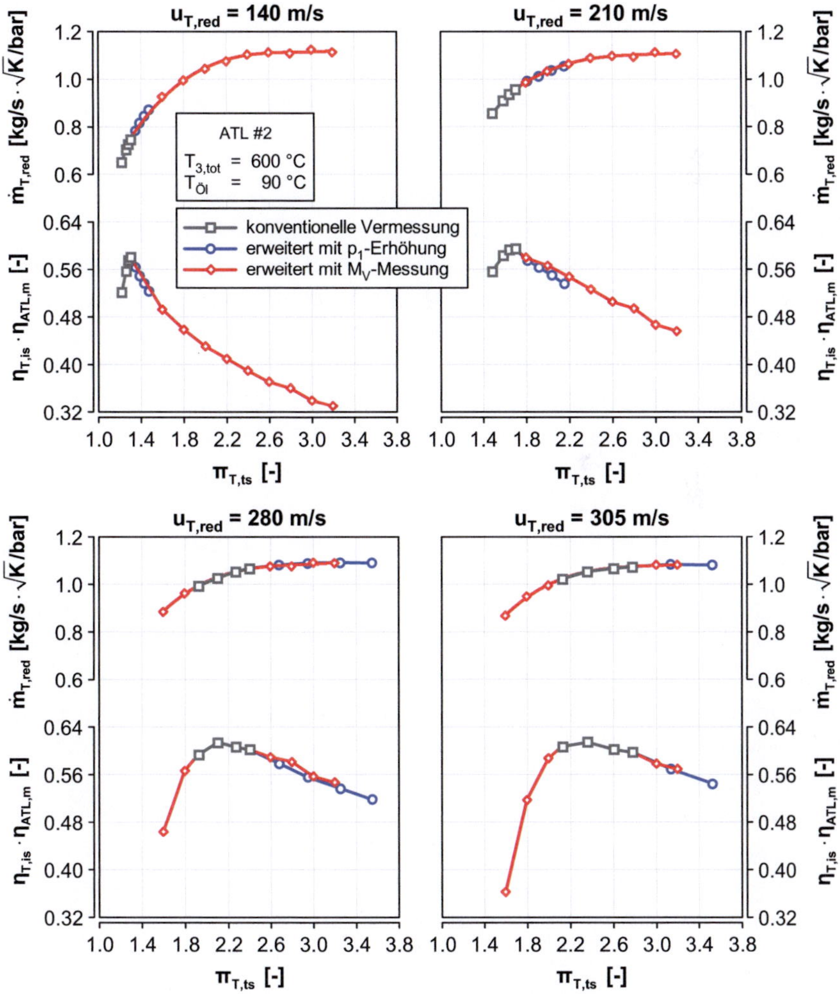

Abb. 5.28: Erweiterung des konventionell vermessenen Turbinenkennfeldes mittels Vordruckerhöhung und Drehmomentmessung

Der mit der herkömmlichen Kennfeldvermessung vermessene Betriebsbereich der Turbine erstreckt sich bei niedriger Umfangsgeschwindigkeit nur über einen sehr schmalen Bereich des Turbinendruckverhältnisses. Mit der Vordruckerhöhung gelingt eine deutliche Erweiterung in den Bereich größeren Druckverhältnisses. Im Vergleich dazu zeigt die in dieser Arbeit entwickelte Methode eine sehr gute Übereinstimmung und bietet vor allem bei niedriger Drehzahl noch größeres Potenzial. Die Erweiterung ist sowohl in den Bereich kleinen als auch großen Druckverhältnisses möglich und kann praktisch bis zum maximal zulässigen Turbinendruckverhältnis durchgeführt werden.

5.3 Bewertung der Verfahren mittels Motorprozessrechnung

5.3.1 Modellerstellung und -validierung

In der Motorprozessrechnung abgasturboaufgeladener Verbrennungsmotoren wird der Abgasturbolader über die gemessenen Kennfelddaten von Verdichter und Turbine abgebildet. Die Qualität der Kennfelder hat somit unmittelbaren Einfluss auf die Ergebnisse der Simulation. Während die Kennfelddaten den Betrieb bei Motorvolllast meist noch hinreichend gut abdecken, liegen Teillast- und Dynamikbetriebspunkte oft im extrapolierten Bereich [SCH12], was neben der pulsierenden Beaufschlagung der Turbine hier im Wesentlichen der niedrigen Laderdrehzahl, der kleinen Laufzahl, der geringen Verdichter- und Turbinenleistung und der anteilsmäßig hohen Reibleistung geschuldet ist.

Um den Nutzen der in dieser Arbeit entwickelten Methoden für die Motorprozessrechnung aufzuzeigen, wurde mit dem Programmsystem GT-SUITE (Version 7.3.0) ein Simulationsmodell eines direkteinspritzenden, turboaufgeladenen 4-Zylinder-Ottomotors (siehe Kapitel 4.2) erstellt. Das Rechenmodell wurde für den Volllastbetrieb im Motordrehzahlbereich 1000 bis 3000 min^{-1} sowie den Teillastbetrieb bei 1500 min^{-1} anhand von Messungen am hochdynamischen Motorenprüfstand validiert. Da mit dem Simulationsmodell der Einfluss der Kennfeldqualität auf die Motorprozessrechnung untersucht werden soll, wurde die Validierung des Motormodells zunächst ohne Abgasturbolader durchgeführt. Als Randbedingung wurde auf den effektiven Mitteldruck geregelt. Der dafür erforderliche Ladedruck wurde von einem extern angetriebenen Verdichter generiert, der Abgasgegendruck über eine Blende mit variablem Strömungsquerschnitt reguliert. Der Zündzeitpunkt wurde verbrauchsoptimal bzw. an der Klopfgrenze eingestellt. **Abb. 5.29** zeigt das Ergebnis der Validierung anhand einer Auswahl der für die rechnerischen Untersuchungen wichtigen Prozessgrößen.

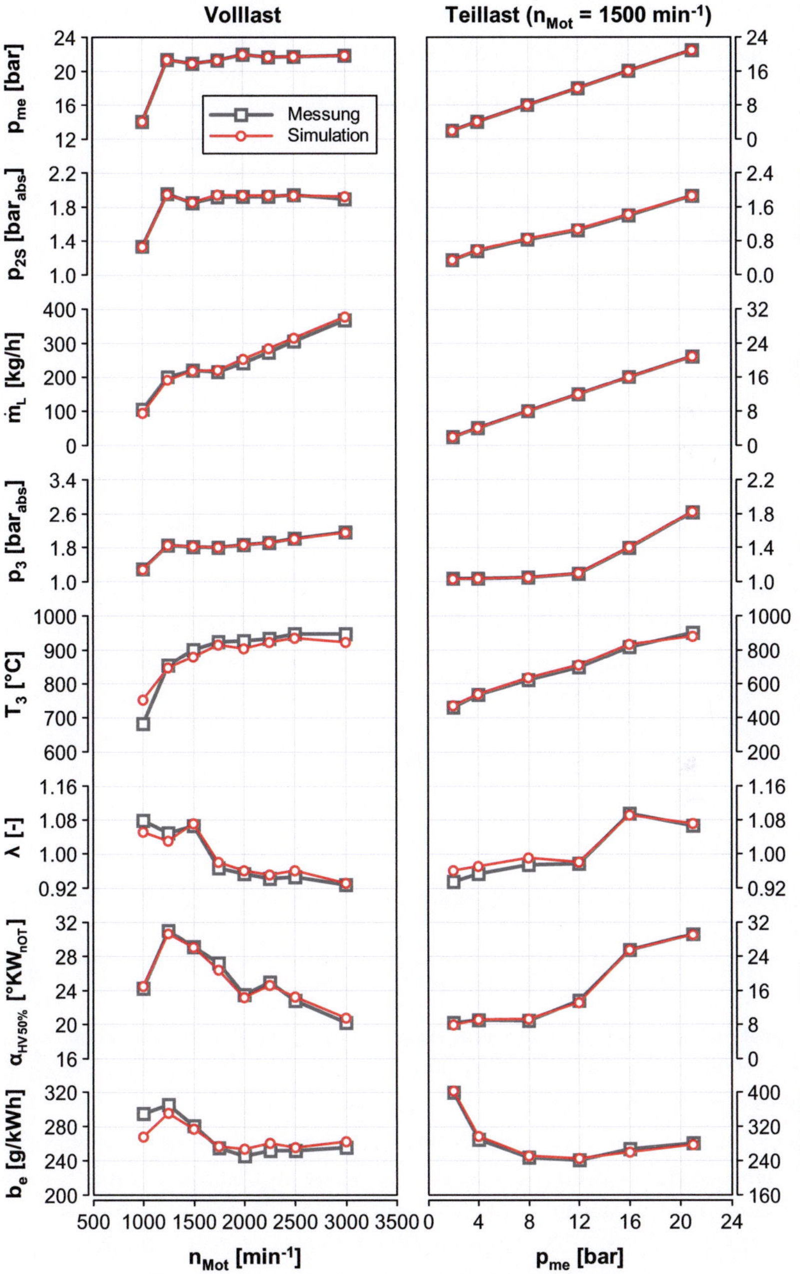

Abb. 5.29: Ergebnisse der Modellvalidierung ohne Abgasturbolader (links: Volllast, rechts: Teillast)

5.3.2 Modellierung des Abgasturboladers

Die Modellierung des Abgasturboladers erfolgte über die Funktionsblöcke COMPRESSOR und TURBINE, die über das Objekt SHAFTTURBO miteinander verbunden sind. Die entsprechenden Daten der thermodynamischen Vermessung am Heißgasprüfstand wurden in den Kennfeldvorlagen COMPRESSORMAP und TURBINEMAPSAE hinterlegt (**Abb. 5.30**).

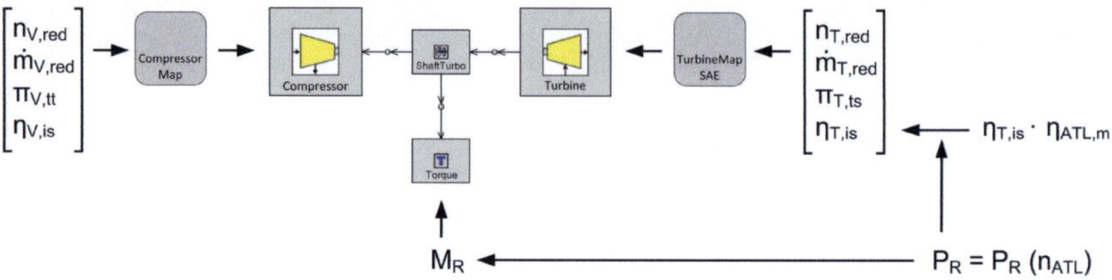

Abb. 5.30: Modellierung des Abgasturboladers in der Simulationsumgebung GT-SUITE

Der Turbinenwirkungsgrad wird dabei als Funktion der reduzierten Drehzahl angegeben. Der am Prüfstand ermittelte Wirkungsgrad beinhaltet jedoch die mechanische Verlustleistung der Laufzeuglagerung, die nicht von der reduzierten, sondern von der tatsächlichen Drehzahl abhängig ist [SCH08]. Aus diesem Grund wurde im Rahmen der Modellerstellung der nach Gleichung (4.45) um die Reibleistung P_R korrigierte, isentrope Turbinenwirkungsgrad $\eta_{T,is}$ verwendet.

$$\eta_{T,is} = \frac{P_V + P_R}{P_{T,is}} \tag{4.45}$$

Der Bestimmung der Reibleistung liegt ein Polynomansatz als Funktion der Turboladerdrehzahl zu Grunde:

$$P_R = f(n_{ATL}) = a_0 + a_1 \cdot n_{ATL} + a_2 \cdot n_{ATL}^2 + a_3 \cdot n_{ATL}^3 \tag{4.46}$$

Der Einfluss der Axialkraft findet dabei keine Berücksichtigung. Im Simulationsmodell wird die Reibleistung über denselben Ansatz bestimmt und als drehzahlabhängiges Reibmoment dem Objekt SHAFTTURBO aufgeprägt (**Abb. 5.30**).

Von den in GT-Power u. a. für den Zweck der Validierung vorgesehenen Modellparametern wurde lediglich der EFFICIENCY MULTIPLIER der Turbine global angepasst, was der am Heißgasprüfstand inklusive Abgaskrümmer vermessenen Turbine Rechnung trägt. Die in **Tab. 5.1** zusammengefassten Kennfeldvarianten wurden also alle unter denselben Randbedingungen analysiert.

Tab. 5.1: Untersuchte Kennfeldvarianten

	Verdichterkennfeld	Turbinenkennfeld
Variante 1	konventionell	konventionell
Variante 2	konventionell	erweitert mittels Vordruckerhöhung
Variante 3	konventionell	erweitert mittels Drehmomentmessung
Variante 4	adiabater Verdichterwirkungsgrad	Wärmestrom-korrigierter Turbinenwirkungsgrad
Variante 5	adiabater Verdichterwirkungsgrad in einem Punkt pro Drehzahllinie berechnet, alle anderen Punkte der Linie entsprechend skaliert	erweitert mittels Vordruckerhöhung, ein Punkt pro Drehzahllinie Wärmestrom-korrigiert, alle anderen Punkte der Linie entsprechend skaliert

Variante 1, 2 und 3 beruhen zur Abbildung des Verdichters auf denselben Daten, die der konventionellen Vermessung am Heißgasprüfstand entstammen und ohne jegliche Korrektur in das Simulationsmodell übernommen wurden. Für die Bestimmung des Turbinenkennfeldes von Variante 1 wurde keine gesonderte Messung durchgeführt, sondern die im Rahmen der Verdichtervermessung ohnehin auch an der Turbine mitgemessenen Daten verwendet. Variante 1 repräsentiert somit den Stand der Technik. Für Variante 2 und 3 wurde das Turbinenkennfeld separat vermessen. Die Erweiterung erfolgte über die Vordruckerhöhung im Verdichterkreis bzw. über die Methode der Drehmomentmessung am Verdichter bei nicht-rotierendem Laufzeug. Bei dem in Variante 4 verwendeten Verdichterkennfeld wurde für alle Messpunkte der Linien konstanter reduzierter Umfangsgeschwindigkeit $u_{V,red} = 100$, 150, 230 und 310 m/s der adiabate Verdichterwirkungsgrad mittels Vordruckvariation bestimmt. Die Turbinenwirkungsgrad wurde entsprechend um den Wärmestrom in den Verdichter korrigiert (siehe Kapitel 5.1.3). Für Variante 5 wurden das Verdichterkennfeld konventionell und das Turbinenkennfeld separat, aber bei jeweils gleicher Drehzahl vermessen. Die erweiterte Turbinenvermessung erfolgte in einem konstanten Verdichterbetriebspunkt durch Druckerhöhung im Verdichterkreis. Für diesen Verdichterbetriebspunkt wurde der adiabate Wirkungsgrad und für den zugehörigen Betriebspunkt der Turbine der um den Wärmestrom korrigierte Wirkungsgrad berechnet. In allen weiteren Messpunkten der jeweiligen Drehzahllinie wurden die Wirkungsgrade nach der in Kapitel 5.1.3 beschriebenen Methode skaliert.

5.3.3 Ergebnisse der rechnerischen Untersuchungen

Die Bewertung der beschriebenen Kennfeldvarianten erfolgt wie in [SCH08] und [SCH12] anhand der Simulation eines Lastschnittes bei niedriger Motordrehzahl ($n_{Mot} = 1500$ min^{-1}). Der Turbinenbypass im Simulationsmodell wurde für jeden Lastpunkt so eingestellt, dass der berechnete Druck vor Turbine dem gemessenen entspricht. Die Regelung des effektiven Mitteldruckes wurde über die Stellung der Drosselklappe erzielt. Der Vergleich der Mess- und Simulationsergebnisse zeigt prinzipiell eine sehr gute Übereinstimmung. Die relative Abweichung der in **Abb. 5.31** aufgetragenen Größen beträgt weniger als 3 %.

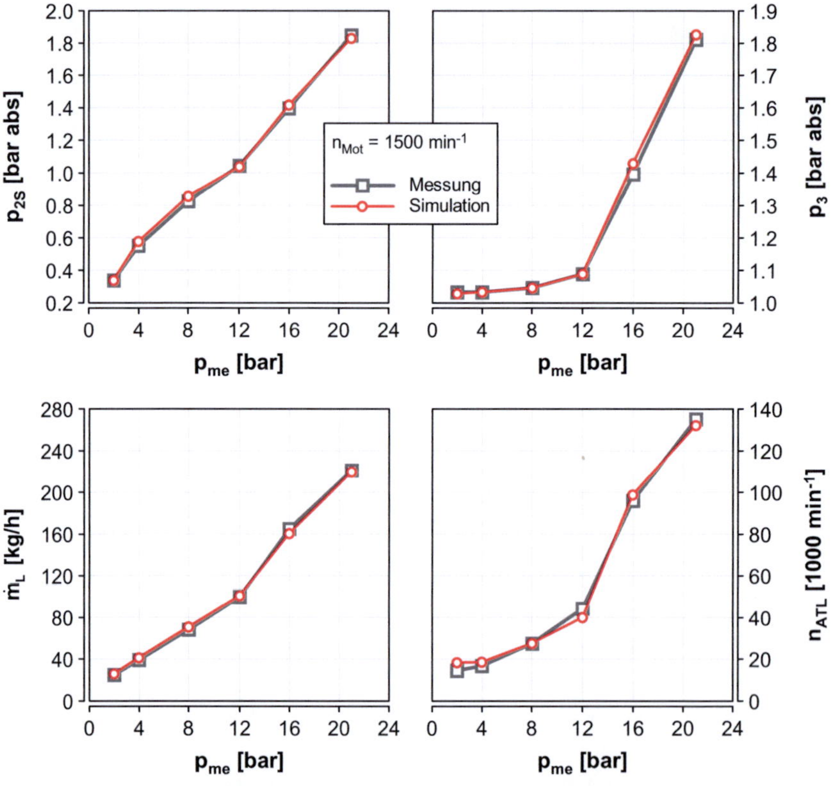

Abb. 5.31: Ergebnisse der Modellvalidierung mit Abgasturbolader (ATL #2) bei konstanter Motordrehzahl und Variation der Motorlast

Einzige Ausnahme stellt die Turboladerdrehzahl dar, die insbesondere bei niedriger Last eine deutliche Differenz zwischen Messung und Simulation aufweist, was in zweierlei Hinsicht von Bedeutung ist. Einerseits ist der niedrige Teillastbereich i. Allg. Ausgangspunkt dynamischer Untersuchungen. Die Turboladerdrehzahl stellt dabei eine wichtige Größe dar, deren richtiger Startwert Voraussetzung für die akkurate Simulation transienter Vorgänge ist. Andererseits ist die Laufzeugdrehzahl gemäß Gleichung (2.2) ein Ausdruck der Leistungsbilanz am Abgasturbolader. Sie resultiert im stationären Fall aus dem Gleichgewicht der Turbinenleistung auf der einen und der Verdichter- sowie der Reibleistung auf der anderen Seite. Weicht die simulierte von der gemessenen Turboladerdrehzahl ab, so ist dies ein Indiz dafür, dass die aus den Kennfeldern berechnete Verdichter- und Turbinenleistung nicht dem am Abgasturbolader im Motorbetrieb tatsächlich vorherrschenden Leistungsverhältnis entsprechen. Die Abweichung der simulierten von der gemessenen Turboladerdrehzahl kann somit als Maß für die Abbildungsqualität des Abgasturboladers durch die jeweiligen Kennfelder betrachtet werden.

In **Abb. 5.32** ist die relative Abweichung der ATL-Drehzahl über der Motorlast bei konstanter Motordrehzahl für alle untersuchten Kennfeldvarianten aufgetragen. Zwischen simulierter und gemessener Turboladerdrehzahl bestehen zum Teil erhebliche Unterschiede.

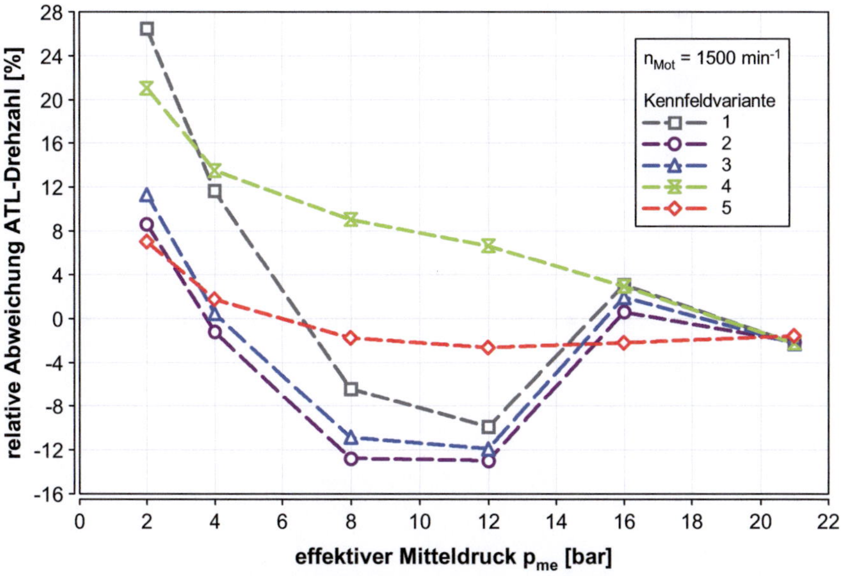

Abb. 5.32: Relative Abweichung der simulierten von der gemessenen Turboladerdrehzahl in Abhängigkeit der Motorlast bei konstanter Motordrehzahl (Simulation)

Eine pauschale Aussage ist aus den Kurvenverläufen jedoch nicht direkt ableitbar. Betrag und Richtung der Abweichung sind von den Kennfeldern selbst, aber auch vom Betriebspunkt und den Modelleigenschaften abhängig. So lässt sich das Niveau der in **Abb. 5.32** dargestellten Verläufe durch die Anpassung globaler Modellparameter[13] an die jeweilige Kennfeldvariante verschieben und damit die durchschnittliche Abweichung minimieren. Entsprechende Untersuchungen haben jedoch ge-

[13] z. B. EFFICIENCY MULTIPLIER oder EFFICIENCY SHAPE FACTOR

zeigt, dass sich dadurch die Verläufe qualitativ nur geringfügig ändern. Ein einfaches integrales Bewertungskriterium stellt daher die Spannweite, also die Differenz aus maximaler und minimaler Drehzahlabweichung dar (**Abb. 5.33**).

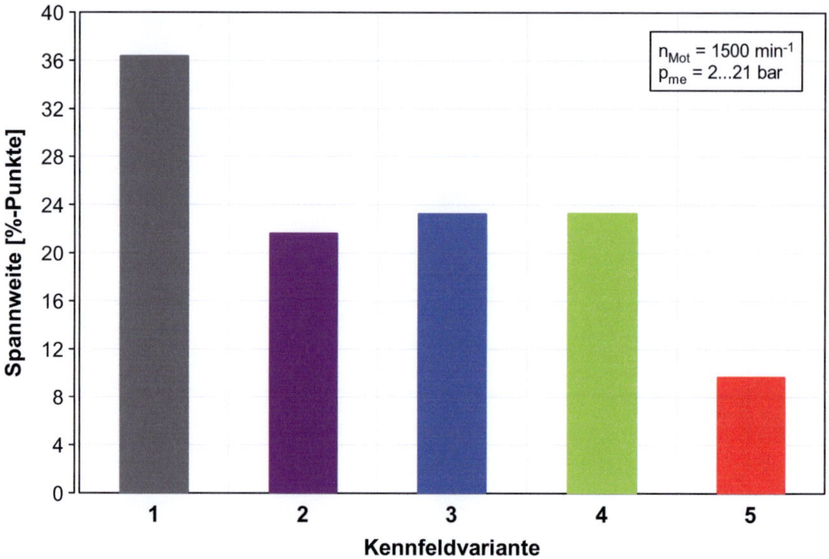

Abb. 5.33: Spannweite der relativen Drehzahlabweichung der untersuchten Kennfeldvarianten bei konstanter Motordrehzahl und Variation der Motorlast (Simulation)

Die Modellierung des Abgasturboladers mit den Kennfeldern nach Variante 1 zeigt insgesamt den größten Unterschied zwischen gemessener und simulierter Turboladerdrehzahl. Mit der Verwendung erweitert vermessener Turbinenkennfelder (Variante 2 und 3) lässt sich die Differenz deutlich verringern. Die Wärmestromkorrektur des Verdichter- und des Turbinenwirkungsgrades (Variante 4) führt im Vergleich zu Variante 1 ebenfalls zu einer geringeren Drehzahlabweichung zwischen Simulation und Messung. Die höchste Modellierungsgüte des Abgasturboladers wird mit den Kennfelddaten der Variante 5 erreicht, bei der die Turbine erweitert vermessen und der Einfluss der Wärmeströme auf die Wirkungsgrade von Verdichter und Turbine korrigiert wurde.

In **Abb. 5.34** sind exemplarisch für einen Motorbetriebspunkt ($n_{Mot} = 1500\ \text{min}^{-1}$, $p_{me} = 2\ \text{bar}$) die mit den unterschiedlichen Kennfeldvarianten ermittelten Wirkungsgrade von Verdichter und Turbine aufgetragen. Zur Analyse der Drehzahlabweichung sind neben der simulierten und gemessenen ATL-Drehzahl auch die aus den Kenndaten berechnete Turbinen- und Verdichterleistung und die mittels Polynomansatz ermittelte Reibleistung dargestellt.

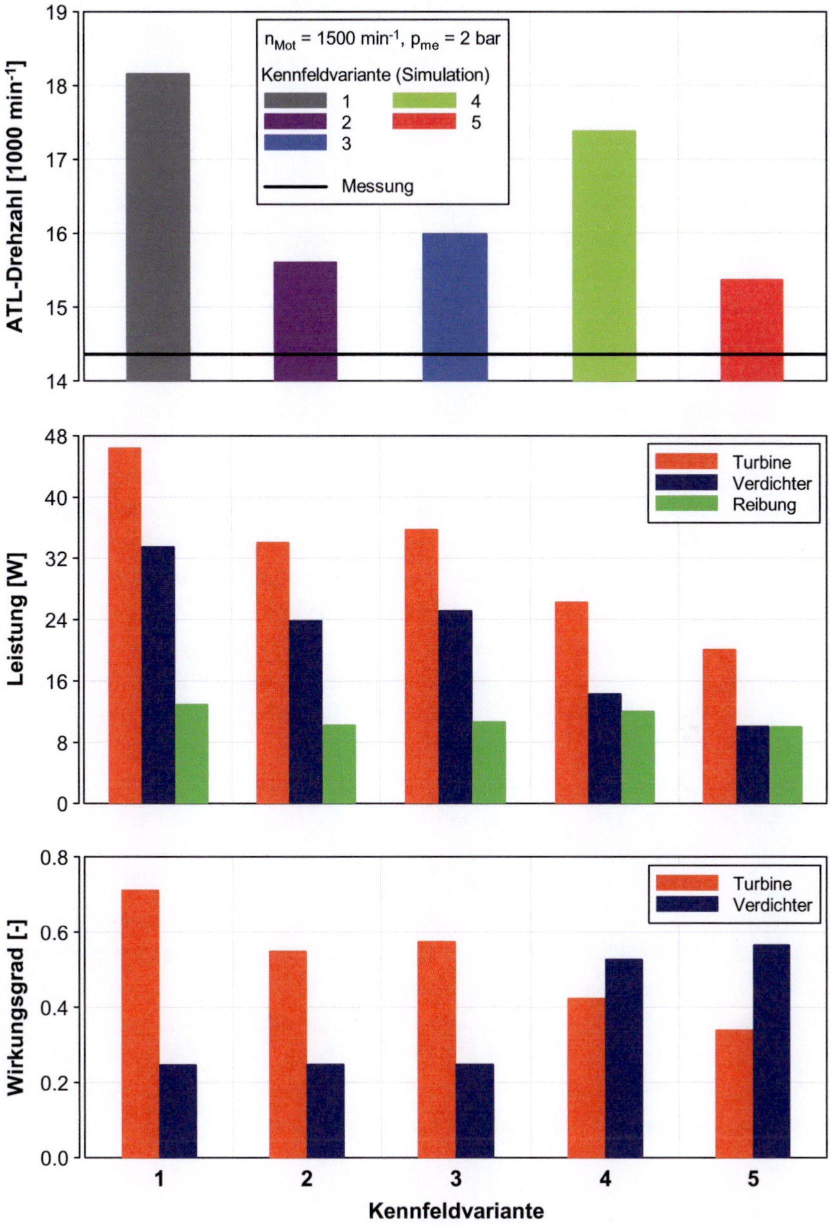

Abb. 5.34: Drehzahl, Leistung und Wirkungsgrad des mit unterschiedlichen Kennfeldvarianten modellierten Abgasturboladers in einem konstanten Motorbetriebspunkt (Simulation)

Die mit der Kennfeldvariante 1 simulierte Turboladerdrehzahl weist den höchsten Absolutwert und die größte Abweichung zum Messwert auf. Im Vergleich mit den anderen Varianten fällt auch die Turbinen- und die Verdichterleistung am größten aus. Hauptursächlich hierfür ist der bei der Kennfeldvermessung am Heißgasprüfstand in den Verdichter eingetragene Wärmestrom, infolgedessen der Verdichterwirkungsgrad zu niedrig und der Turbinenwirkungsgrad zu hoch bestimmt wird. Die aus den Kennfelddaten von Variante 2 und 3 berechneten Werte für Turbinenwirkungsgrad und Turbinenleistung liegen unterhalb derer von Variante 1, was die positive Auswirkung der erweiterten Vermessung auf die Modellierung der Turbine verdeutlicht. Außerdem ist festzustellen, dass mit beiden Verfahren zur Kennfelderweiterung ähnliche Simulationsergebnisse erzielt werden, was das in dieser Arbeit entwickelte Verfahren zur Erweiterung des Turbinenkennfeldes untermauert. Die Varianten 1, 2 und 3 basieren auf demselben Verdichterkennfeld und liefern folglich im untersuchten Motorbetriebspunkt den gleichen Verdichterwirkungsgrad. Die geringere Verdichterleistung bei Variante 2 und 3 gegenüber Variante 1 resultiert also nicht aus einer unterschiedlichen Datenbasis, sondern aus einer Verschiebung des ATL-Betriebspunktes hin zu niedriger Drehzahl, da das Leistungsangebot der Turbine im Vergleich zu Variante 1 geringer ausfällt. Wird zur Modellierung des Verdichters nicht der diabate, sondern der adiabate Verdichterwirkungsgrad verwendet und der Turbinenwirkungsgrad entsprechend korrigiert (Variante 4), so verringert sich die daraus berechnete Verdichter- und Turbinenleistung um den jeweiligen Anteil des Verdichterwärmestromes. Trotzdem ergibt sich eine ähnlich hohe Drehzahlabweichung wie bei Variante 1. Auch der Vergleich mit Variante 2 und 3 macht deutlich, dass sich allein vom Niveau der Turbinenleistung nicht ohne weiteres auf das Niveau der Drehzahl schließen lässt. Entscheidend ist entsprechend der Leistungsbilanz immer auch die Leistungsaufnahme des Verdichters. Die korrekte Berechnung der Turboladerdrehzahl erfordert also die korrekte Wiedergabe der Turbinen- **und** der Verdichterleistung durch die hinterlegten Kennfelddaten. Variante 5 trägt dem Rechnung, indem bei der Kennfeldermittlung die erweiterte Turbinenvermessung mit der Korrektur des Verdichterwärmestromes kombiniert wurde. Die damit berechnete Turbinen- und Verdichterleistung weisen das niedrigste Niveau auf; die Abweichung der simulierten gegenüber der gemessenen ATL-Drehzahl ist am geringsten. Im Vergleich mit den anderen untersuchten Kennfeldvarianten liefert Variante 5 insgesamt die adäquateste Datenbasis zur Abbildung des Abgasturboladers.

6 Zusammenfassung

Die Entwicklung eines aufgeladenen Verbrennungsmotors setzt die Kenntnis der thermodynamischen Eigenschaften des Abgasturboladers voraus, deren Beschreibung auf entsprechenden Kennfeldern von Verdichter und Turbine basiert. Die herkömmliche Vermessung dieser Kennfelder am Heißgasprüfstand deckt jedoch nur einen Teil des für den Einsatz am Verbrennungsmotor relevanten Betriebsbereiches ab. Betriebspunkte niedriger Turboladerdrehzahl und niedriger Laufzahl der Turbine werden nicht oder nur unzureichend genau vermessen. So erfordert die Verwendung der gemessenen Kennfelder als Randbedingung der Motorprozessrechnung eine Extrapolation der Messdaten, die zum Teil mit einer erheblichen Unsicherheit einhergeht. Ziel dieser Arbeit war die Entwicklung experimenteller Verfahren, mit denen das thermodynamische Verhalten des Abgasturboladers in jenen Bereichen abgebildet werden kann, die mittels konventioneller Kennfeldvermessung nicht oder nur eingeschränkt beschrieben werden können. Die experimentellen Untersuchungen wurden an Abgasturboladern unterschiedlicher Bauart und -größe an einem Heißgasprüfstand mit geschlossenem Verdichterkreis durchgeführt.

Erreicht wird die Erweiterung des Messbereiches zum einen durch die Variation des Druckes am Verdichtereintritt und die Grenzwertbetrachtung des dabei ermittelten diabaten Verdichterwirkungsgrades. Dadurch kann der Einfluss der Wärmeströme am Abgasturbolader auf die experimentell ermittelten Wirkungsgrade von Verdichter und Turbine signifikant reduziert werden. Neben der Bestimmung des adiabaten Verdichterwirkungsgrades ist damit eine entsprechende Korrektur des Turbinenwirkungsgrades möglich. Das Verfahren wurde rechnerisch mittels CFD-Simulation und experimentell mittels Variation der thermischen Randbedingungen am Abgasturbolader sowie des Verfahrens der Wärmestromkorrektur nach LÜDDECKE verifiziert. Mit den durchgeführten Untersuchungen konnte der zu Grunde liegende thermodynamische Ansatz bestätigt werden. Das Verfahren ist praktisch unter allen regulären Betriebsbedingungen des Abgasturboladers anwendbar und nur durch den maximal zulässigen Druck im geschlossenen Verdichterkreis begrenzt. Die Ergebnisqualität nimmt mit steigender ATL-Drehzahl zu, wobei ab einer Umfangsgeschwindigkeit von ca. 100 m/s verwertbare Messergebnisse zu erzielen sind. Damit gelingt eine Erweiterung des Verdichterkennfeldes in den Bereich niedriger Laderdrehzahl, der beispielsweise beim Motorbetrieb in Testzyklen (NEFZ, WLTC) durchfahren wird (**Abb. 6.1**, vgl. **Abb. 1.1**). Das Verfahren bietet zudem die Möglichkeit, den adiabaten Verdichterwirkungsgrad im Rahmen der erweiterten Turbinenvermessung durch Druckerhöhung im Verdichterkreis zu bestimmen, ohne dass dafür zusätzlicher experimenteller Aufwand erforderlich ist.

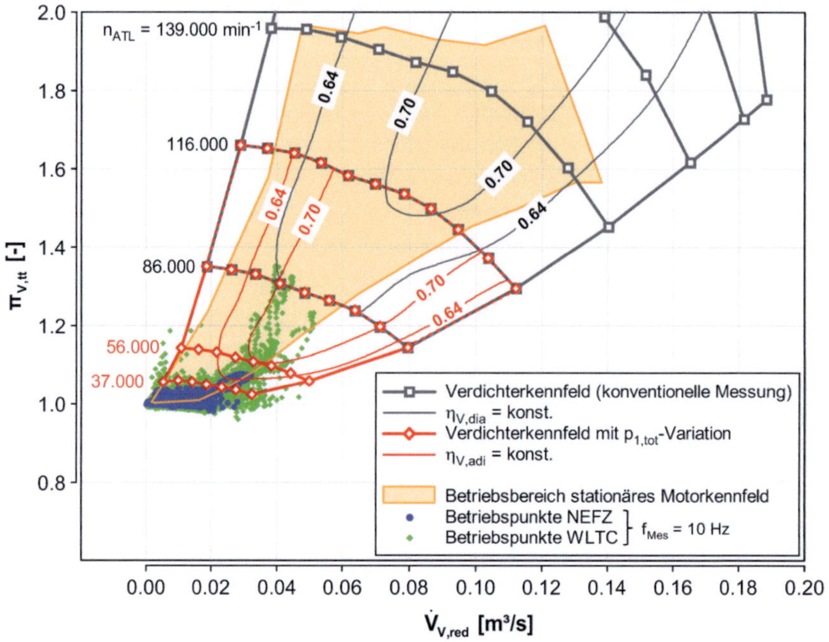

Abb. 6.1: Erweiterung des Verdichterkennfeldes mittels Druckvariation am Verdichtereintritt

Das Verfahren zur Bestimmung des Turbinenwirkungsgrades bei niedriger Laufzahl beruht auf dem Ansatz, nicht den Turbinenwirkungsgrad selbst, sondern die Größen, aus denen er berechnet wird, zu extrapolieren. Hierfür werden die bei konstantem Turbinendruckverhältnis über der Turbinenumfangsgeschwindigkeit aufgetragenen Verläufe der Verdichterleistung bzw. des Verdichterdrehmomentes und der isentropen Turbinenleistung mittels Polynomfunktionen zweiter Ordnung approximiert. Durch die thermodynamische Vermessung der Turbine und der Messung des Drehmomentes am Verdichterrad bei nicht-rotierendem Laufzeug werden wesentliche Stützstellen experimentell ermittelt, die anstatt einer Extrapolation die Interpolation des Turbinenwirkungsgrades ermöglichen. Die Erweiterung des Kennfeldes ist damit sowohl in den Bereich hoher als auch niedriger Laufzahl möglich und praktisch nur durch das maximal zulässige Turbinendruckverhältnis begrenzt (**Abb. 6.2**).

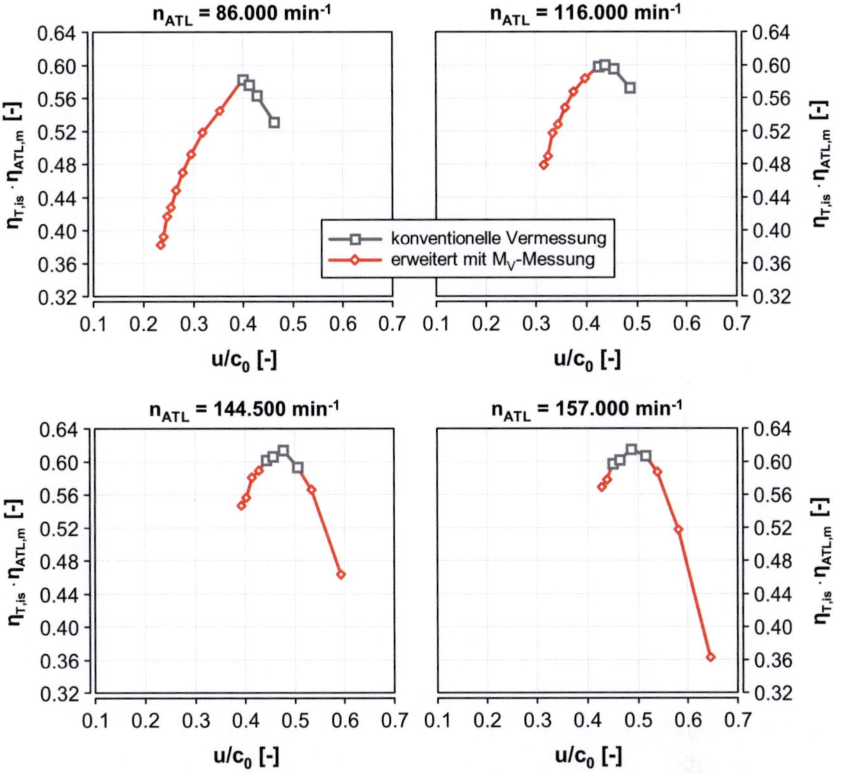

Abb. 6.2: Erweiterung des Turbinenkennfeldes mittels Messung des Verdichterdrehmomentes bei nicht-rotierendem Laufzeug

Die Verifikation des Verfahrens erfolgte anhand von Messergebnissen der erweiterten Turbinenvermessung mittels Druckerhöhung im geschlossenen Verdichterkreis. Ausgehend von der konventionellen Kennfeldvermessung bedarf das Verfahren lediglich eines geringen technischen und experimentellen Mehraufwandes. Modifikationen am Abgasturbolader, wie z. B. die Demontage des Laufzeuges, sind nicht erforderlich. Mit dem Verfahren gelingt die messtechnische Beschreibung der thermodynamischen Eigenschaften der Turbine speziell in dem Betriebsbereich, der bei deren Einsatz am Verbrennungsmotor von entscheidender Bedeutung ist. Die aus der intermittierenden Arbeitsweise des Verbrennungsmotors resultierende pulsierende Beaufschlagung der Turbine hat gemeinhin zur Folge, dass der überwiegende Teil der Turbinenleistung bei niedriger Laufzahl erbracht wird. Insofern liefert die Bestimmung des Turbinenwirkungsgrades bei niedriger Laufzahl einen wesentlichen Beitrag zur Beschreibung und Simulation des thermodynamischen Verhaltens der Turbine im Motorbetrieb (**Abb. 6.3**, vgl. **Abb. 1.2**).

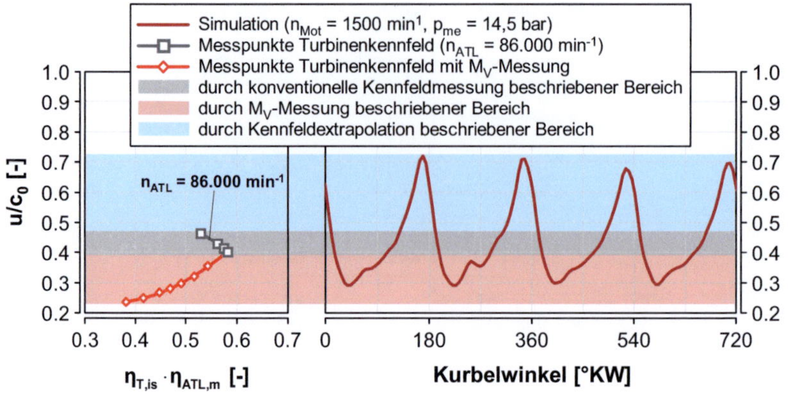

Abb. 6.3: Betriebsbereich einer Turbine im Motorbetrieb

Die Auswirkung beider Verfahren auf die Abbildung des thermodynamischen Verhaltens eines Abgasturboladers als Randbedingung der Motorprozessrechnung wurde am Simulationsmodell eines aufgeladenen 4-Zylinder-Ottomotors untersucht. Die Modellerstellung und -validierung wurde anhand von Messungen an einem hochdynamischen Motorenprüfstand durchgeführt. Die Modellierung des Abgasturboladers erfolgte mit unterschiedlichen Kennfeldvarianten, welche jeweils auf verschiedenen Methoden der Kennfeldermittlung basieren. Die Untersuchungen zeigen, dass sich die daraus resultierenden Unterschiede in der Datenbasis insbesondere auf das Simulationsergebnis bei niedriger Motordrehzahl und -last auswirken. Die Modellierung des Abgasturboladers mittels konventionell vermessener Kennfelder weist hier eine erhebliche Abweichung zwischen gemessener und simulierter Turboladerdrehzahl auf. Mit der Verwendung erweitert vermessener Turbinenkennfelder gelingt diesbezüglich eine deutliche Verbesserung. Die Anwendung der Wärmestromkorrektur des Verdichter- und des Turbinenwirkungsgrades führt ebenfalls zu einer geringeren Drehzahldifferenz zwischen Messung und Simulation. Die höchste Modellierungsgüte des Abgasturboladers wurde mit der Kennfeldvariante erzielt, für deren Ermittlung die erweiterte Turbinenvermessung mit der Korrektur des Verdichterwärmestromes kombiniert wurde.

Die durchgeführten experimentellen und rechnerischen Untersuchungen zeigen, dass mit den in dieser Arbeit als Ergänzung zur konventionellen Kennfeldvermessung entwickelten Verfahren eine verbesserte Darstellung der thermodynamischen Eigenschaften eines Abgasturboladers zu erzielen ist. Der Bereich der für die Motorprozesssimulation notwendigen Extrapolation kann damit verkleinert und deren Genauigkeit erhöht werden, was einerseits den Modellierungsaufwand verringert und andererseits der Ergebnisqualität zugute kommt.

Literaturverzeichnis

[ADO09] Adolf, J.; Warnecke, W.; Huibers, R.:
Shell Pkw-Szenarien bis 2030.
In: 30. Internationales Wiener Motorensymposium.
Fortschritt-Berichte VDI Reihe 12 Nr. 697, VDI Verlag, Düsseldorf, 2009.

[ALH12] Al-Hasan, N. S.; Fäth, H.; Haluska, P.; Klaus, M.; Kronschnabl, F.; Sandor, I.:
Applikationsspezifische Auslegung von Abgasturboladern zur Optimierung des transienten Motorverhaltens.
In: 17. Aufladetechnische Konferenz, Dresden, 2012.

[ANS10] Ansys, Inc.:
ANSYS CFX-Solver Modeling Guide Version 13.0, 2010.

[AYM11] Aymanns, R.; Scharf, J.; Uhlmann, T.; Lückmann, D.:
A Revision of Quasi Steady Modelling of Turbocharger Turbines in the Simulation of Pulse Charged Engines.
In: 16. Aufladetechnische Konferenz, Dresden, 2011.

[BAA13] Baar, R.; Boxberger V.; Mai, H.; Kadunic, S.:
Herausforderungen an die Validierung von CFD-Simulationen mit Heißgasversuchen an Turboladern.
In: Baar, R.; Sens, M. (Hrsg.): Engine Processes.
Expert Verlag, Renningen, 2013.

[BAI05] Baines, N. C.:
Fundamentals of Turbocharging.
Concepts NREC, Vermont, 2005.

[BAI09] Baines, N. C.; Wygant, K. D.; Dris, A.:
The analysis of heat transfer in automotive turbochargers.
In: Proceedings of ASME Turbo Expo 2009: Power for Land, Sea and Air.
GT2009-59353, Orlando, 2009.

[BAI10] Baines, N. C.:
Turbocharger turbine pulse flow performance and modeling - 25 years on.
In: Proceedings of 9th International Conference on Turbochargers and Turbocharging, London, 2010.

[BAU11] Bauer, K.-H.; Balis, C.; Paja, D.; Davies, P.; Marsal, D.:
Serienproduktion von kugelgelagerten Turboladern in hohen Stückzahlen.
In: Motortechnische Zeitschrift 72 (2011), Nr. 4, S. 302-307.

[BER02] Berndt, R.; Grigoriadis, P.; Nickel, J.; Abdelhamid, S.; Hagelstein, D.:
Erweiterte Darstellung und Extrapolation von Turbolader-Kennfeldern als Randbedingung der Motorprozesssimulation.
FVV-Abschlussbericht. Vorhaben Nr. 754.
Forschungsvereinigung Verbrennungskraftmaschinen (FVV e. V.), 2002.

[BER09] Berndt, R.:
Einfluss eines diabaten Turboladermodells auf die Gesamtprozess-Simulation abgasturboaufgeladener PKW-Dieselmotoren.
Dissertation, Universität Berlin, 2009.

[BOH02] Bohn, D.; Heuer, T.; Moritz, N.; Wolff, M.:
Modellierung des Wärmeflusses im und am System Turbolader.
FVV-Abschlussbericht. Vorhaben Nr. 755.
Forschungsvereinigung Verbrennungskraftmaschinen (FVV e. V.), 2002.

[BOH05] Bohn, D.; Heuer, T.; Kusterer, K.:
Conjugate Flow and Heat Transfer Investigation of a Turbo Charger.
In: ASME Journal of Engineering for Gas Turbines and Power,
Vol. 127, Juli 2005, S. 663-669.

[BRA05] Van den Braembussche, R. A.:
Micro Gas Turbines – A Short Survey of Design Problems.
In: Micro Gas Turbines, Educational Notes RTO-EN-AVT-131, Paper 1, Neuilly-sur-Seine, 2005.

[BUL74] Bulaty, T.:
Spezielle Probleme der schrittweisen Ladungswechselrechnungen bei Verbrennungsmotoren mit Abgasturboladern.
In: Motortechnische Zeitschrift 35 (1974), Nr. 6, S. 177-185.

[BWT13] BorgWarner Turbosystems:
Turbolader: Aufbau und Funktionsweise.
http://www.turbodriven.com/de/turbofacts/designBearingSystem.aspx
(zuletzt verifiziert: 8. Juni 2013)

[CAP06] Capobianco, M.; Marelli, S.:
Turbocharger turbine performance under steady and unsteady flow: test bed analysis and correlation criteria.
In: Proceedings of 8th International Conference on Turbochargers and Turbocharging, London, 2006.

[CAS09] Casey, M. V.; Fesich, T. M.;
On the efficiency of compressors with diabatic flows.
In: Proceedings of ASME Turbo Expo 2009: Power for Land, Sea and Air. GT2009-59618, Orlando, 2009.

[CAS10] Casey, M. V.; Fesich, T. M.:
The Efficiency of Turbocharger Compressors With Diabatic Flows.
In: ASME Journal of Engineering for Gas Turbines and Power,
Vol. 132 / 072302, Juli 2010.

[CHA02] Chapman, K. S.; Nguru, R.; Shultz, J.:
Simplified methodology to correct turbocharger field measurements for heat transfer and other effects.
Gas Research Institute, Final Report GRI-02/0156, Manhattan, 2002.

[CHE11] Chesse, P.; Chalet, D.; Tauzia, X.:
Impact of the Heat Transfer on the Performance Calculations of Automotive Turbocharger Compressor.
In: Oil & Gas Science and Technology – Rev. IFP Energies nouvelles, Vol. 66 (2011), No. 5, S. 791-800.

[DAL86] Dale, A.; Watson, N.:
Vaneless radial turbocharger turbine performance.
In: Proceedings of Institution of Mechanical Engineering Conference on Turbochargers and Turbocharging, paper C110/86, London, 1986.

[DAR07] Dargay, J.; Gately, D.; Sommer, M.:
Vehicle Ownership and Income Growth, Worldwide: 1960-2030.
In: Energy Journal, Vol. 28, No. 4, 2007.

[DAV10] Davies, P.; Marsal, D.; Genin, E.; Daguin, F.; Jeckel, D.:
Down-speeding and Upgrading a Product Line for US'07 Tier 2 Bin 5, Eu5 & Eu6.
In: 15. Aufladetechnische Konferenz, Dresden, 2010.

[DRA10] Draeger, K.:
Fahrzeugentwicklung im Wandel neuer Mobilitätsansprüche.
In: 19. Aachener Kolloquium Fahrzeug- und Motorentechnik, Aachen, 2010.

[EIS11] Eißler, W.; Wiemann, B.; Fausten, H.; Arndt, J.; Werner, P.; Breitbach, H.:
Optimierung des Abgasturboladers für den 6-Zylinder Diesel von Mercedes-Benz.
In: 16. Aufladetechnische Konferenz, Dresden, 2011.

[FIL06] Filsinger, D.; Fitzky, G.; Phillipsen, B.:
Flexible turbocharger test rig MONA VI.
In: Proceedings of 8th International Conference on Turbochargers and Turbocharging, London, 2006.

[FIL12] Filsinger, D.; Lüddecke, B.; Bargende, M.:
On wide mapping of a mixed flow turbine with regard to compressor heat flows during turbocharger testing.
In: Proceedings of 10th International Conference on Turbochargers and Turbocharging, London, 2012.

[FRE10] Fredriksson, C.; Baines, N.:
The mixed flow forward swept turbine for next generation turbocharged downsized automotive engines.
In: Proceedings of ASME Turbo Expo 2010: Power for Land, Sea and Air. GT2010-23366, Glasgow, 2010.

[GAM12] Gamma Technologies Inc.:
GT-Suite Reference Manual Version 7.3.
Westmont, 2012.

[GOL05] Golloch, R.:
Downsizing bei Verbrennungsmotoren.
Springer-Verlag, Berlin, 2005.

[GRI04] Grigoriadis, P.; Nickel, J.; Pucher, H.:
Experimentelle Untersuchungen instationärer Phänomene in Fahrzeug-Turboladern.
In: 9. Aufladetechnische Konferenz, Dresden, 2004.

[GRI07] Griffith, R. C.; Slaughter, S. E.; Mavrosakis, P. E.:
Applying Ball Bearings to the Series Turbochargers for the Caterpillar® Heavy-Duty On-Highway Truck Engines.
Society of Automotive Engineers, 2007
(Technical paper series 2007-01-4235).

[GRI08] Grigoriadis, P.:
Experimentelle Erfassung und Simulation instationärer Verdichterphänomene bei Turboladern von Fahrzeugmotoren.
Dissertation, TU Berlin, 2008.

[GRI13] Grigoriadis, P.; Binder, E.; Böttcher, L.; Benz, A.; Sens, M.:
Advanced Turbocharger Model for 1D ICE Simulation – Part I.
Society of Automotive Engineers, 2013
(Technical paper series 2013-01-0581).

[GUH12] Guhr, C.:
Verbesserung von Effizienz und Dynamik eines hubraumkleinen turboaufgeladenen 3-Zylinder-DI-Ottomotors durch Abgasrückführung und ein neues Ladeluftkühlkonzept.
Dissertation, TU Dresden, 2012.

[HAM12] Hamel, M.; Abidat, M.; Litim, S. A.:
Investigation of the mixed flow turbine performance under inlet pulsating flow conditions.
In: Comptes Rendus Mecanique 340 (2012), S. 165-176.

[HEU05] Heuer, T.:
Wechselwirkung zwischen Strömung und Wärmetransport an Gasturbinenschaufeln und einem ölgekühlten Abgasturbolader.
Dissertation, RWTH Aachen, 2005.

[HEY88] Heywood, J. B.:
Internal Combustion Engine Fundamentals.
Verlag McGraw Hill, New York, 1988.

[HIE03] Hiereth, H.; Prenninger, P.:
Aufladung der Verbrennungskraftmaschine.
Springer-Verlag, Wien, New York, 2003.

[HON12] Honeywell International, Inc.:
Hochtemperatur-Kugellager-VNT von Honeywell erhält PACE-Auszeichnung.
Pressemitteilung, http://www.de.garrettbulletin.com/news/hochtemperatur-kugellager-vnt-von-honeywell-erhalt-pace-auszeichnung, 25. Juli 2012
(zuletzt verifiziert: 30. Mai 2013).

[ISO5389] ISO 5389:2005(E):
Turbocompressors-Performance Test Code.
Second Edition, International Organization for Standardization, 2005.

[KAL12] Kalpakli, A.; Örlü, R.; Tillmark, N.; Alfredsson, P. H.:
Experimental investigation on the effect of pulsations on exhaust manifold-related flows aiming at improved efficiency.
In: Proceedings of 10th International Conference on Turbochargers and Turbocharging, London, 2012.

[KER13] Kersten, R.:
Auslegung und Aufbau eines Messsystems zur Bestimmung zur Bestimmung des Antriebsmoments von Abgasturbolader-Turbinen.
Diplomarbeit, TU Dresden, 2013.

[KÖR09] Körfer, T.; Kinoo, B.; Wedowski, S.; Aymanns, R.; Scharf, J.:
Challenges in the air management of small, downsized engines in the trade-off between attractive driving performance, stringent emission standards and increased CO_2 demands.
In: 14. Aufladetechnische Konferenz, Dresden, 2009.

[KRA10] Kratzer Automation AG:
Berechnung der Leistungskennwerte an Abgasturbolader-Prüfständen.
Version 2.05, 29. Juli 2010.

[LAR09] Larsson, P.-I.; Westin, F.; Andersen, J.; Vetter, J.; Zumeta, A.:
Effiziente Prüfung von Turboladern.
In: Motortechnische Zeitschrift 70 (2009), Nr. 7-8, S. 540-546.

[LAU10] Laurantzon, F.; Tillmark, N.; Alfredsson, P. H.:
A pulsating flow rig for analyzing turbocharger performance.
In: Proceedings of 9th International Conference on Turbochargers and Turbocharging, London, 2010.

[LEI12] Lei, V.-M.; Nejedly, M.; Houst, V.; Kares, V.:
Dual boost compressor development.
In: Proceedings of 10th International Conference on Turbochargers and Turbocharging, London, 2012.

[LOT11] Lotterman, J.; Schorn, N.; Jeckel, D.; Brinkmann, F.; Bauer, K.-H.:
New Turbocharger Concept for Boosted Gasoline Engines.
In: 16. Aufladetechnische Konferenz, Dresden, 2011.

[LÜD12] Lüddecke, B.; Filsinger, D.; Ehrhard, J.; Bargende, M.:
Wärmestromkorrektur und Drehmomentbestimmung für die erweiterte Kennfeldvermessung von Abgasturboladerturbinen.
In: 17. Aufladetechnische Konferenz, Dresden, 2012.

[MAI10] Mai, H.; Pucher, H.:
TC-Mapping. Parameterstudie zur Turbolader-Kennfeldvermessung.
VFI-Abschlussbericht.
VDMA-Gesellschaft für Forschung und Innovation, Frankfurt am Main, 2010.

[MAI13] Mai, H.; Baar, R.; Biet, C.; Boxberger, V.; Zimmermann, R.:
Möglichkeiten der direkten Bestimmung des isentropen Turbinenwirkungsgrads.
In: 18. Aufladetechnische Konferenz, Dresden, 2013.

[MAL89] Malobabic, M.:
Das Betriebsverhalten leitschaufel- und bypassgeregelter Pkw-Abgasturbolader.
Dissertation, Universität Hannover, 1989.

[MAN02] Mandel, M.; Schöfer, T.; Bolz, H.:
Moderne Abgasturboladerprüfstände im neuen Entwicklungszentrum von 3K-Warner.
BorgWarner TurboSystems Library, 140 166, Kirchheimbolanden, 2002.

[MAR08] Marsal, D.; Davies, P.; Jeckel, D.; Tietze, T.; Lautrich, G.; Sommer, A.:
A new Turbocharger Bearing System as a further step to improve the overall TC Efficiency.
In: 13. Aufladetechnische Konferenz, Dresden, 2008.

[MAR11] Marelli, S.; Capobianco, M.:
Steady and pulsating flow efficiency of a waste-gated turbocharger radial flow turbine for automotive application.
In: Energy 36 (2011), S. 459-465.

[MAY01] Mayer, M.:
Abgasturbolader. Sinnvolle Nutzung der Abgasenergie.
4. Auflage. Die Bibliothek der Technik Band 103.
Verlag Moderne Industrie, Landsberg/Lech, 2001.

[MCD98] McDonnell, G. T.; Artt, D. W.; Spence, S. W. T.:
The design, development, and testing of a hydraulic turbine dynamometer.
In: Proceedings of Institution of Mechanical Engineering Conference on Turbochargers and Turbocharging, paper C554/025, London, 1998.

[MER09] Merker, G. P.; Schwarz, C. (Hrsg.):
Grundlagen Verbrennungsmotoren.
4. Auflage, Vieweg+Teubner | GWV Fachverlage GmbH, Wiesbaden, 2009.

[MEY07] Meyer, I.; Leimbach, M.; Jaeger, C. C.:
International Passenger Transport and Climate Change: A Sector Analysis in Car Demand and Associated CO2 Emissions from 2000 to 2050.
In: Energy Policy, Vol. 35, 6332-6345, 2007.

[MÜL08] Müller, D.:
Einfluss der Anordnung und des Betriebs von Abgasturboladern auf deren Pumpgrenze.
Dissertation, Universität Hannover, 2008.

[NAT11] National Instruments Corporation:
DIAdem-Hilfe Version 11.3, 2011.

[NAU08] Naundorf, D.; Bolz, H.:
Turboladerprüfstand mit Heißgasgenerator für Hochleistungs-Aufladesysteme.
In: Motortechnische Zeitschrift 69 (2008), Nr. 10, S. 830-833.

[NIC05] Nickel, J.; Sens, M.; Grigoriadis, P.; Pucher, H.:
Einfluss der Sensorik und der Messstellenanordnung bei der Kennfeldvermessung und im Fahrzeugeinsatz von Turboladern.
In: 10. Aufladetechnische Konferenz, Dresden, 2005.

[NIC08] Nickel, J.; Grigoriadis, P.:
Verfahren und Messmethoden zur Erfassung von Turboladerkennfeldern an Turboladerprüfständen.
In: Lechmann, A. (Hrsg.): Simulation und Aufladung von Verbrennungsmotoren. Springer-Verlag, Berlin, Heidelberg, 2008.

[OIC13] Organisation Internationale des Constructeurs d'Automobiles (OICA):
World Motor Vehicle Production by Country and Type.
http://oica.net/category/production-statistics/
(zuletzt verifiziert: 8. Juni 2013).

[OTO10] Otobe, T.; Grigoriadis, P.; Sens, M.; Berndt, R.:
Method of performance measurement for low turbocharger speeds.
In: Proceedings of 9th International Conference on Turbochargers and Turbocharging, London, 2010.

[PIS09] Pischinger, S.; Scharf, J.; Aymanns, R.; Göcmez, T.; Wittler, M; Steffens, C.:
Integration von Aufladesystem- und Motorentwicklung.
In: Motortechnische Zeitschrift 70 (2009), Nr. 12, S. 908-915.

[PIS12] Pischinger, S.; Aymanns, R.; Scharf, J.; Uhlmann, T.:
Turboladerwirkungsgrade in pulsierender Abgasströmung.
In: Motortechnische Zeitschrift 73 (2012), Nr. 7-8, S. 580-585.

[PUC97] Pucher, H.; Eggert, T.; Schenk, B.:
Experimentelle Entwicklungswerkzeuge für Turbolader von Fahrzeugmotoren.
In: 6. Aufladetechnische Konferenz, Dresden, 1997.

[PUC02] Pucher, H.; Nickel, J.:
Vermessung erweiterter Kennfeldbereiche von Fahrzeugmotoren-Turboladern.
In: 8. Aufladetechnische Konferenz, Dresden, 2002.

[RAH85] Rahnke, C. J.:
Axial Flow Automotive Turbocharger.
In: Proceedings of Gas Turbine Conference and Exhibit, Houston, 1985.

[REU10] Reuter, S.:
Erweiterung des Turbinenkennfeldes von Pkw-Abgasturboladern durch Impulsbeaufschlagung.
Dissertation, TU Dresden, 2010.

[ROM09] Romagnoli, A.; Martinez-Botas, R.:
Heat transfer on a turbocharger under constant load points.
In: Proceedings of ASME Turbo Expo 2009: Power for Land, Sea and Air. GT2009-59618, Orlando, 2009.

[ROS08] Roß, T.:
Neue Konzepte zur Abgasturboaufladung eines direkteinspritzenden Vierzylinder-Ottomotors.
Dissertation, TU Dresden, 2008.

[ROS12] Rosenberger, U ; Sonner, M. ; Wurms, R.:
Optimierte Prüfmethoden zur mechanischen Erprobung von Aufladeaggregaten.
In: 17. Aufladetechnische Konferenz, Dresden, 2012.

[SAD13] Saddington, D.:
The global market for automotive turbochargers: 2013 edition.
Forecasts and trends for passenger cars and commercial vehicles to 2020.
ABOUT Automotive Research Report, London, 2013.

[SAEJ1826] Society of Automotive Engineers, Inc.:
Turbocharger Gas Stand Test Code.
SAE J1826, Issued 1989-04, Reaffirmed 1995-03.

[SCH08] Schorn, N.; Smiljanowski, V.; Späder, U.; Stalman, R.; Kindl, H.:
Turbocharger Turbines in Engine Cycle Simulation.
In: 13. Aufladetechnische Konferenz, Dresden, 2008.

[SCH09] Schulz, O.; Buchmann, K.; Bolz, H.:
KBB-Prüfstände mit neuer Gasbrenntechnik für große Abgasturbolader bis 4800 kW Motorleistung.
In: 14. Aufladetechnische Konferenz, Dresden, 2009.

[SCH10] Scharf, J. S.:
Extended Turbocharger Mapping and Engine Simulation.
Dissertation, RWTH Aachen, 2010.

[SCH12] Scheller, P.:
Eine neue Methode zur Bewertung des transienten Turboladerverhaltens bei aufgeladenen Ottomotoren.
Dissertation, TU Dresden, 2012.

[SCR84] Scrimshaw, K. H.; Williams, T. J.:
Size effects in small radial turbines.
ASME paper 84-GT-215, 1984.

[SEN06] Sens, M.; Grigoriadis, P.; Nickel, J.; Pucher, H.:
Untersuchungen zum dynamischen Verhalten von Abgasturboladern im Fahrzeug.
In: 11. Aufladetechnische Konferenz, Dresden, 2006.

[SEU06] Seume, J.; Shaaban, S.; Berndt, R.; Pucher, H.; Linnhoff, H. J.: Part-load Performance Prediction of Turbocharged Engines. In: Proceedings of 8th International Conference on Turbochargers and Turbocharging, London, 2006.

[SHA04] Shaaban, S.: Experimental investigation and extended simulation of turbocharger non-adiabatic performance. Dissertation, Universität Hannover, 2004.

[SHA06] Shaaban, S.; Seume, J. R.: Analysis of Turbocharger Non-Adiabatic Performance. In: Proceedings of 8th International Conference on Turbochargers and Turbocharging, London, 2006.

[SIR11] Sirakov, B.; Casey, M.: Evaluation of heat transfer effects on turbocharger performance. In: Proceedings of ASME Turbo Expo 2011: Power for Land, Sea and Air. GT2011-45887, Vancouver, 2011.

[SMI08] Smiljanovski, V.; Schorn, N.; Scharf, J. S.; Funken, B.; Pischinger, S.: Messung des Turbinenwirkungsgrades bei niedrigen Turboladerdrehzahlen. In: 13. Aufladetechnische Konferenz, Dresden, 2008.

[SZY07] Szymko, S.; McGlashan, N. R.; Martinez-Botas, R.; Pullen, K. R.: The development of a dynamometer for torque measurement of automotive turbocharger turbines. In: Proceedings of the Institution of Mechanical Engineers, Vol. 221, Part D: J. Automobile Engineering, S. 225-239, 2007.

[THI08] Thiemann, W.; Piatek, J.: Bestimmung von Turboladerkennfeldern auf Basis von Motorprüfstandsmessungen. In: Lechmann, A. (Hrsg.): Simulation und Aufladung von Verbrennungsmotoren. Springer-Verlag, Berlin, Heidelberg, 2008.

[UHL12] Uhlmann, T.; Lückmann, D.: Erweiterung des messbaren Turbinenkennfeldbereichs. FVV-Abschlussbericht. Vorhaben Nr. 1038. Forschungsvereinigung Verbrennungskraftmaschinen (FVV e. V.), 2012.

[VDI06] Verein Deutscher Ingenieure, VDI-Gesellschaft Verfahrenstechnik und Chemieingenieurswesen (GVC) (Hrsg.): VDI-Wärmeatlas. 10. Auflage, Springer-Verlag, Berlin, 2006.

[VOG11] Vogt, M.; Frese, F.; Mai, H.; Baar, R.: Improving the application of turbine maps in 1D engine process modelling. In: Proceedings of ASME Turbo Expo 2011: Power for Land, Sea and Air. GT2011-45500, Vancouver, 2011.

[WAR12] Ward's Automotive Group:
World Vehicles in Operation by Vehicle Type, 1930-2011.
Southfield, 2012.

[WEN10] Wensing, J. A.; Morales-Espejel, G. E.; Wemekamp, A. W.:
Friction Reduction using Ball Bearings in Turbochargers.
In: 15. Aufladetechnische Konferenz, Dresden, 2010.

[WES07] Westendorff, O.; Bolz, H.; Kamphues, Ir. E.:
Integrated Test Systems with hot gas generator for the development of turbocharger applications.
In: 12. Aufladetechnische Konferenz, Dresden, 2007.

[WIN90] Winterbone, D. E.; Nikpour, B.; Alexander, G. I.:
Measurement of the performance of a radial inflow turbine in conditional steady and unsteady flow.
In: Proceedings of Institution of Mechanical Engineering Conference on Turbochargers and Turbocharging, paper C405/015, London, 1990.

[WYG10] Wygant, K. D.; Baines, N. C.; Dris, A.:
The Analysis of Heat Transfer in Automotive Turbochargers.
In: ASME Journal of Engineering for Gas Turbines and Power,
Vol. 132 / 042301, April 2010.

[ZEL08] Zellbeck, H.; Roß, T.; Guhr, C.:
Mit neuen Methoden zum richtigen Aufladesystem.
In: 29. Internationales Wiener Motorensymposium.
Fortschritt-Berichte VDI Reihe 12 Nr. 672, VDI Verlag, Düsseldorf, 2008.

[ZEL13] Zellbeck, H.; Kleinen, M.; Werner, R.:
Neuer Ansatz zur Berechnung von Radialverdichtern.
In: Motortechnische Zeitschrift 74 (2013), Nr. 10, S. 738-745.

[ZIN12] Zinner, K.; Pucher, H.:
Aufladung von Verbrennungsmotoren.
4. Auflage, Springer-Verlag, Berlin, Heidelberg, 2012.

[ZIN85] Zinner, K.:
Aufladung von Verbrennungsmotoren.
3. Auflage, Springer-Verlag, Berlin, Heidelberg, New York, Tokyo, 1985.